想象·力比知识更重要

怎样把事儿办得更好

颜立平 ◎著

上海科学技术文献出版社

S Shanghai Scientific and Technological Literature Press

图书在版编目（CIP）数据

怎样把事儿办得更好 / 颜立平著 . —上海：上海科学技术
文献出版社，2017
　ISBN 978-7-5439-7479-1

　Ⅰ . ① 怎…　Ⅱ . ① 颜…　Ⅲ . ① 最佳化—普及读物　Ⅳ .
① N032-49

　　中国版本图书馆 CIP 数据核字 (2017) 第 164417 号

责任编辑：于学松
特约编辑：石　婧
装帧设计：有滋有味（北京）

怎样把事儿办得更好

颜立平　著
出版发行：上海科学技术文献出版社
地　　址：上海市长乐路 746 号
邮政编码：200040
经　　销：全国新华书店
印　　刷：常熟市人民印刷有限公司
开　　本：720×1000　1/16
印　　张：11.5
字　　数：188 000
版　　次：2018 年 1 月第 1 版　2018 年 1 月第 1 次印刷
书　　号：ISBN 978-7-5439-7479-1
定　　价：38.00 元
http://www.sstlp.com

怎样把事儿办得更好

我们常听到"最"字。"最好时机""最佳速度""最美女教师""最高性价比"……按现代语法分析,这里的"最"字是状语,修饰被定语修饰的对象,说明在一定条件下,这个对象已经获得或将获得令人满意的期望值。

数学上,同等体积的几何体,表面积最小的是球;周长一定的三角形,面积最大者是正三角形;多个数的公倍数中存在最小公倍数;两点间最短距离是连接这两点的直线……

物理学上,在电源内阻确定的情况下,当外阻等于内阻,电路有最大功率输出;沿约束自由滑落体存在最速降落线……

化学上,燃料和助燃氧化剂配比恰当,可获得最佳燃烧……

计算机技术上,最佳进位制是二进制,最核心的部件是 CPU,最基础的编程语言是机器语言……

自动化技术上,有最佳控制、最简控制……

汽车有最佳时速;疾病有最佳治疗方案;人口繁殖有优生优育理论;灾害有最佳抢救时间;地球上有最宜居城市……

生活中,我们寻找最佳的理财方案;生产上,我们研究最佳的调度方案;照相时,我们选取最佳摄影参数;找对象时,我们挑选最佳人选;炒菜时,我们掌握最佳火候;旅游时,我们研究最佳路线;开发软件时,我们追求最优程序;二重唱时,我们寻找最佳搭档;购物时,我们考虑"最划得来"……令人牵肠挂肚的"最佳",我们孜孜以求,目的只有一个:怎样把事儿办得更好些。

自然科学上的"最佳"反映了一个客观真理:这个"最佳"不依人的意志而转移。不管你愿意不愿意,物体质量越大,惯性越大;等表面积的几何体中,球的体积最大;最环保的燃料是氢……

文学艺术上的"最佳",带有浓重的感情色彩。文学艺术属上层建筑范畴，牵涉面广阔无边，这里的"最佳"，往往充满主观情感和人文理念。"最佳售票员""最贴心大妈""最美女教师"，这里的"最"是对品德高尚者的褒奖。

现实技术方面的"最佳"，受到科学真理的约束，也可能要受人文因素的影响。当二者发生矛盾时，还要人参与权衡。举个例子，设计一条高速公路，可以从纯技术角度找到最佳路线。可是方案中的公路要穿越一个千年古迹。按方案建路要毁掉古迹，于是修改设计以求其次：绕开古迹，改选另一条较原设计差的次好路线。技术上是差了一些，可是却保住了古迹。从纯技术角度来看，新方案不是"最佳"，却对社会"更好"。

正如一则广告词说的那样，现实世界中真的可能"没有最好，只有更好"。基于这个原因，本书将原定的书名《怎样把事儿办得最好》改为《怎样把事儿办得更好》。

人可以锋芒毕露，锐意勇往直前；也可以韬光养晦，埋头奋进。不管你属于哪一类，要进步就需要丰富的知识。知识可以唤醒智慧，也确实能够帮助启发想象力。我编写这本小册子，试图将技术含量高但较好理解的东西写出来，力图多收集那些有益的知识，介绍我们身边曾经发生过的、正在发生的和将来可能发生的"佳的""更佳的""最佳的"事儿，和读者一起学习，以期获得更多的知识，为唤醒智慧，启发想象力添加筹码。"想象力比知识更重要"，希望读者除了不断掌握新的知识，更应该努力思考，发挥想象力。

目　录

把地理位置认识得更好

一、 设想的北京城地理数据库

我们对地理位置很关心。就说最熟悉的北京城吧。它有那么多的街道、那么多的机关、学校、工厂、商店、公园、广场，找一个地方真不容易。即使有北京地图在手，找起来还是费劲。那就问路人吧，问礼拜寺怎么走，老北京会告诉你：广内大街牛街口，往南走 400 米路东。问欢乐谷在哪儿，"没听说过"老北京也可能犯难。还好，我们有手机地图可查。

最好的方法是建立一个数字化坐标系，把需要的地点都归入这个系统，建立一个数据库（相似的数据库已有），随时调用、补充和修改。用平面坐标方法找地理目标早已有过：上海曾有一种地图，用横竖格子作纵横坐标将地图分成若干方块，如"A1 块""B5 块"等。重要单位在哪个块，列表在地图显著位置，找单位先查列表，然后按图索骥找到所需对象的地理位置。

笛卡尔坐标系是数学坐标系，最初目的是解释函数和变量的关系，以物理方法帮助理解数学抽象。地理坐标系则是以物理的方法处理地理关系，将不规则的对象规则化。图 1 是设想的北京城区坐标系。以长安街中线为 X 轴，指向东方；以故宫中轴线为 Y 轴，指向北方。则原点 O 在天安门前长安街的中线上。这样认识城区每个点的位置很方便：点到中轴线的距离是它的 X 坐标；到长安街中线的距离是它的 Y 坐标。城区每个点的位置唯一取决于坐标。我们选择首都机场、北大、火车南站、欢乐谷等四点（每个象限一个），以笛卡尔坐标的方法标出它们的坐标。地球是球面，但这方圆数十千米区域近似当平面坐标。区内点的标识，仿效数学直角坐标标识方法，建立一个含若干个地理对象的北京城区地理数据库。找地点是按关键字查数据库：输入"北大"，立显相应地图和北大坐标值，这种地图该多方便。

整个地球可否也建立这样的坐标系，答案是肯定的。不过地球不是平面直角坐标系。看图 2 就明白，这是地球正投影示意。如果我们把赤道作 X 轴，把

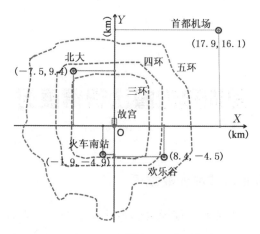

图1　近似平面坐标系[1]认识北京（单位千米）

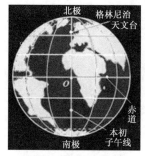

图2　地球正投影

和赤道正交的本初子午线（见下文解释）作 Y 轴，就能够使用两个唯一的数字识别地球表面任何一个点。但是请注意这两个坐标轴不是直线，而是外翻的闭合圆弧，它们所在的面不是平面，而是直径1万多千米的球面。球面三角形内角和不等于 $180°$，不能用北京地理直角坐标系那样近似处理。应该仿效球坐标[2]以经纬坐标处理。

二、我们居住的星球和地理坐标系

虽然人尽皆知，可大家成天忙于事务，很少去想我们居住在一个大球上。这个球的直径1万多千米；周长4万多千米，面积5.1亿平方千米，相当于40多个俄罗斯或50多个中国或19万多个卢森堡的国土面积。

要介绍地球上A地的位置，我们常常以一个名气大些的B地作为参照地来介绍。我们说，德阳在成都北面，距离成都61千米的宝成铁路线上；崇明岛位于上海市中心北面长江入海口处；世界最高峰是我国西藏南面与尼泊尔交界的珠穆朗玛峰……旅游手册就是这样介绍的。这类说法简单方便，但绝大多数人不可能熟悉每一个参照点，并不是每个人都容易得到准确印象的。

15世纪欧洲航海事业繁荣，沿海国需要天文、地理和航海科学技术。各国航海家按自己认定的参照物绘制航海图，水手们辗转就业于不同的船队，各国航海图互不通用，这是他们的苦恼。为了统一航海图，确立公认的参照系统，经过讨论,1884 年终于确定,以经过英国格林尼治天文台原址的经线为零度经线、地球赤道为零度纬线。用"经度"和"纬度"标识地球表面任何一点的位置。这就是今天世界公认的经纬地理坐标。

如果我们的经纬线知识不足,请看图 3。设想一条从北极贯穿地心到南极的直线——地轴。通过地轴的平面(子午面)纵向切割地球。显然子午面与球面的交线是一个半径等于地球半径的圆,它被称为"子午线[3]"或称"经线圆"。每个经线圆都被南、北极点分成两个半圆,每个半圆就是一条"经线"。英国格林尼治天文台原址所在的子午面称"本初子午面",其经线是本初子午线,作为经线的起点——0°经线。0°以东的经线称东经线,东经线所在的子午面和本初子午面的夹角,称东经度,最大可达 180°;同理,0°经线以西的经线称西经线,最大也可达 180°。如东亚城市阿拉木图坐落在东经 76°57′,就意味着阿拉木图在格林尼治以东,所在经线的子午面与本初子午面的夹角是 76°57′(图 4 左)。

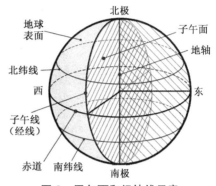

图 3　子午面和经纬线示意

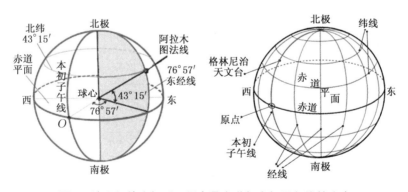

图 4　地理经纬坐标系。原点是赤道与本初子午线的交点

纬度是第二个坐标。设想有一群垂直于地轴的平面切割地球。显然,这些平面也与子午面垂直,且与地球表面的交线是一群相互平行、半径不等的圆,圆心都在地轴上,这些圆即纬线(图 4 右)。赤道是纬线中半径最大者。赤道平面将地球划分为近乎相等的南、北两个半球,北半球的纬线称北纬线。南半球的纬线称南纬线。赤道作为纬度起点,规定其纬度为 0°。

其他纬线的纬度是:纬线上一点的球面法线[4]与赤道平面夹角度数。图4左绘有经线和纬线示例:中亚城市阿拉木图的地理位置,在东经76°57′,北纬43°15′。从图中可以看出,经线所在子午面(灰色者)和本初子午面相交二面角是76°57′,而阿拉木图所在点球面的法线与赤道夹角是43°15′。从这个示例,我们就可以大致领略经纬线和地理坐标的含义了。不论北纬或南纬,纬度最大是90°。北纬90°线缩成一个点——北极;南纬90°线也缩成一个点——南极。东经线和西经线的经度范围≤180°,东经180°和西经180°线是同一条经线,即本初子午面上与本初子午线对称的子午线。可见地球的经纬坐标系是一个封闭系统,其坐标值是有限的;而笛卡尔坐标系是开放的,坐标取值范围没有限制。

图 5　经纬坐标的象限

效仿笛卡尔直角坐标系以两个坐标轴将坐标区划分为四个象限一样,经纬坐标系以两个正交平面(本初子午面和赤道平面)将坐标区域划分为四个象限(图5)——纵横两刀切出四个全等的1/4球。学直角坐标系四象限坐标值符号,将经纬坐标值,表示成带正负号的数,这是一种好方法。以数字信息存储,计算机处理时可以节约软硬件资源。下表示出经纬坐标系的范围,并与直角坐标系比较。

表 1　直角坐标与经纬坐标比较对应

比较 坐标系	坐标轴	坐标取值范围			
		象限Ⅰ(东北)	象限Ⅱ(西北)	象限Ⅲ(西南)	象限Ⅳ(东南)
直角坐标	X轴	0～+∞	0～-∞	0～-∞	0～+∞
	Y轴	0～+∞	0～+∞	0～-∞	0～-∞
经纬坐标	经线弧	0～+180°(东)	0～-180°(西)	0～-180°(西)	0～+180°(东)
	纬线圆	0～+90°(北)	0～+90°(北)	0～-90°(南)	0～-90°(南)

地球上任何一点的位置,由经、纬两个坐标唯一确定。用解析几何的方法表示很科学。有了经纬坐标,计算机处理地理位置就十分方便。程序员可以创造更多的存储方法。至少可建议采用三种方法表示经纬度。下表选择四个城市,每个象限一个,用三种方法表示它们的经纬度,供读者参考。

表2　地球上的点所处位置三种表示方法举例

城市象限	北京（Ⅰ）	洛杉矶（Ⅱ）	圣地亚哥（Ⅲ）	墨尔本（Ⅳ）	备　　注
经纬表示	北纬39°55′ 东经116°28′	北纬34°00′ 西经118°12′	南纬33°31′ 西经76°36′	南纬9°30′ 东经144°58′	
正负表示	+39°55′ +116°28′	+34°00′ −118°12′	−33°31′ −76°36′	−9°30′ +144°58′	北纬和东经用"＋" 南纬和西经用"−"
字母表示	39°55′N 116°28′E	34°00′N 118°12′W	33°31′S 76°36′W	9°30′S 144°58′E	

　　为了加深对经纬坐标系的理解，我们把平面投影的图5画成一个切开的、分解了的轴测图（图6）。图中黑粗线条是本初子午线，还有和它正交的赤道。这就是两个坐标轴，选择把它们的交点A点作原点。地面任何一点的坐标是用角度表示的。图中角α和角β分别是经度坐标和纬度坐标，以上表的三种方法表示都是可以的。建议在文学作品中用经纬表示，存入计算机用正负表示，科学著作中用字母表示。

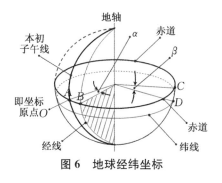

图6　地球经纬坐标

三、　矢量[5]世界地图

　　地球是太阳系从内向外的第三颗行星，也是密度最大的行星，它以贯穿南北两极的轴为轴，自西向东旋转。严格地讲，扁球状的地球，表面有高山大海，似乎不能用光滑的球表示。其实按海平面，地球赤道半径约6 378千米，极半径约6 357千米，二者相差21千米，不到地球平均半径的0.3%；地球上最高峰的珠穆朗玛峰，海拔不到9千米，海拔高度约等于地球半径的0.14%。在5 000万分之一的地图上，珠峰高度还不到一张打印纸的厚度。本书所作的地球图示比例都小于5 000万分之一，可见用光滑的圆球近似表示地球，误差是小的。

　　如上所述，地球上一点的位置，用纬度、经度两个坐标值便可确定。如此，地球上的一切：海岸线、国界、道路、河流、珊瑚礁、山岳、森林、湖泊、沙漠、沼泽、草原、边境线……都可以用经纬坐标来表达其位置。因为天文学的成就，测绘水平的提高，特别是新的科技手段，如使用飞机、气球、无人机的航测、卫星定位、激光、雷达等先进技术来制作今天的地图是相当精密的,经纬度的标注也是十分准确的。精密的地图,误差可以在 1 米以下。现代人绘出了非常精致的世界地图,为科学研究、交通、生产和生活创造了有利的条件。地图在人的生活中起到了十分重要的作用。

地图绘制有两种方法,一种是位图,就像数码照相、数码图片,影像由方形区域非常细密的纵横点阵形成,点的密度愈大,分辨率愈高。有多种分辨率的显示屏:256×192,480×360,512×384,800×600,1 024×768,1 280×960,1 024×1 024,2 048×2 048(或许还有更高者)。分辨率受制于硬件和软件,首先是硬件。若显示器每行只有 800 个基本显示单元,再精密的图由它显示的行分辨率也≤800。第二种方法是"矢量"方法,由计算机将地图生成。我们知道,已经绘制成功的地图,是由居民点、道路、山岳、河川、海洋、湖泊、草原、沙漠、海岸线、岛屿、边境线等"地理对象"组成的。每个地理对象,还可以由更细的多个基本图形构成。但无论怎么复杂的地理对象,都一定可以分解为有限的基本图形。它们是:圆弧、圆、实心圆点、直线段、三角形、实心三角形、四边形、实心四边形、多边形、曲线段、曲线形、固定图案等。其中有些还可以再分成更细单元的图形,如多边形可以分解为直线段;曲线可以分解为曲率半径不同的多段圆弧相切,等等。这一系列图形,都是能够以初等函数表示的基本图形,被称为"图例图形",在矢量图的绘图软件中被编为"模块"(即是将图例图形软件化)。每个地理对象是由一个或多个基本图形构造而成的,如此,将每个地理对象的名称、坐标以及构成它的图例图形"打包"成子模块,便是这个地理对象的全部信息。全部地理对象的总和,就是矢量地图。或说矢量地图是地理对象子模块的集合。

绘制矢量地图的过程,就是由主程序(显示程序或打印程序)不断调用子模块(子程序)的过程。每个子模块有唯一的名字(供调用)、属性(调用时由主程序填写的参数,它们决定了图例图形的色彩、大小、特征、方位、附属文字等)。主程序一般不会太长,除必需的格式语句和基本数据(如地图的比例尺)外,就是地理对象的坐标值和"调用—返回"语句。这样以地理对象生成的地图即矢量地图,它的最大优点是以矢量存储,比以位图方法绘制的地图分辨率高得多,无论放大多少倍,每个地理对象都以最佳分辨率显示,不像点阵式位图,大到一定程度就显出"马赛克"。图 7 显示两种地图中的一个圆的放大效果比较:点阵图放大显现马赛克,矢量图放大基本不显。我们手机和电脑上的矢量地图,线段都不会显出马赛克。这是因为矢量地图不像照片 那样是点阵硬性放大，而是由显示软件将公式 化了的图形函数，在屏幕按坐标为每个地理对 象绘图，能够在所选比例下绘出最佳比例图。

原图　　矢量图放大　　点阵图放大

图7　放大效果比较

矢量地图的其他优点是：可以通过软件， 只选择显示(或打印)地图的部分内容，也可以将图"分层"，例如某省的行政区 域图和地形图分别属于两个图层。可以单选需看的那个图层，也可选同时看两 个图层，了解各行政区域的地形分布。分层图可以有多种：分区、地形、雨量、矿 产、森林分布……供不同专业使用。矢量地图的修改和添加十分方便，在主程 序中增删相应子模块调用语句便可实现增删，在调用语句中变动相应参数便可 实现图形修改。

点阵式地图色彩丰富，占用存储容量大，增删和修改都费事。矢量地图占 存储资源少，修改方便。多种软件可制作矢量地图，工程图 autoCAD 就是一 种，我们可用 CAD 绘地图。上述两类地图都在各自的软件支持下显示和打印。

LINK　知识链接[1]：笛卡尔直角坐标系

即直角坐标系。在平面以两条垂直的坐标轴 X 轴和 Y 轴构成的平面直 角坐标系，平面上点的坐标是该点到两轴的距离，可以来认知系内点的相对 位置。地球上，在一个面积不大(例如纵横 30 千米左右)的范围，可以近似看 作平面，作为坐标轴的弧线也可近似当作直线，用 X-Y 坐标认知一个地点， 误差很小。本文图 1 就是将京城近似为平面。

LINK　知识链接[2]：球坐标

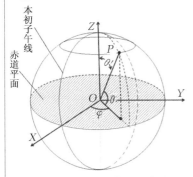

球坐标系与地理经纬坐标的关系

三维的笛卡尔直角坐标系也可转化为 球坐标，球坐标与直角坐标的关系如左图 示。X、Y、Z 三条互相垂直的坐标轴构成 空间坐标系。原点 O 置于球心。空间一点 P 的位置唯一取决于 r, θ', φ 三个参数。 其中 r 为球心到 P 点连线。θ' 为 OP 与 Z 轴夹角，φ 为 OP 在 X-Y 平面(赤道平面) 上的投影与 X 轴的交角。

　　地理经纬坐标,与数学球坐标系略有区别:经纬坐标用 θ 角而不用 θ' 角作为一个坐标,从图上看出 θ 和 θ' 互为余角。θ 是 OP 与赤道平面的交角,即 P 点的纬度,φ 为 P 点的经度,OP 为地球半径,是常数,无需再标出。所以仅用 θ 和 φ(即经度和纬度)就可以决定地球上任何一点 P 的位置。

LINK 知识链接[3]:子午线

　　我国古代用十二地支的"子"代表北、"午"代表南,故从北向南的经线称子午线。

LINK 知识链接[4]:法线

　　曲面上一点的法线,定义为该点切平面上过该点的垂直线。显然球面上一点的法线是球心与该点连线的延长线,方向指向球外。球上一点的法线是唯一的。

LINK 知识链接[5]:矢量

　　在物理学中,矢量指的是有大小和方向的物理量,如力、速度、电场强度等。在工程数学中,凡以多个数据描述的量,处理时与物理矢量的处理有相似的性质,也称为矢量。

电子眼把安全监控做得更好

2016年巴西里约奥运会,四名美国运动员报案说他们遭遇抢劫,轰动一时。警方很快从电子眼录像查明真相:这些运动员报了假案,电子眼把他们"遭劫"过程还原得一清二楚。在铁证面前,这些运动员不得不认错道歉。电子眼立功了。

一、 形形色色的电子眼

"电子眼"之名,可能来源于当初大城市使用的、人称"电子警察"的电子交通监控系统。这个系统以数码摄像技术,监视交通安全。监视闯红灯车辆,可以这样设计:红灯亮,表示不准通过。若来车不遵守规则继续前行,超过警戒线,监视传感器给监控系统送出第一个越线信号,摄像头记录并报告系统。若该车继续前行,在本红灯周期内又前行某限定距离,监视传感器发出第二个信号,意味该车闯了红灯,系统立即启动相应的多个摄像头,抓拍该车现场和车牌,作为事后处理该车交通违规的证据。此工作中,摄像头充当了警察的眼睛,称"电子眼"是颇为形象、颇有道理的。尽管学术上和工程技术上称这些视频监控部件为"摄像头""监视探头",更多的人喜欢呼它们为"电子眼",这个称呼似乎更加形象贴切,更加大众化。电子眼的形状很多,图1示出几款。

图1　形形色色的电子眼一睹

现在,电子眼的应用早已跨越了交通监视的范围,在我们的生活和工作的很多场合,用得越来越多了。公路两旁、大街小巷、小区、博物馆、银行、宾馆酒店、商场超市、考试现场、候车/候船/候机厅以及多种交通工具上,只要公众利益需要保护的地方,千千万万只电子眼在日夜注视着。它们守护着国家的安全和群众的安宁。从电视等媒体报道中,我们知道,处理交通事故、处理争执或审理犯罪案件,违法人员赖账的时候,电子眼就大显身手:执法人当场展示现场的录像证据,违法者便哑口无言。人道:电子眼,神了!

当前,电子眼的概念已经大大扩展。在城乡各处,我们常见"电子监控区"一类的牌子。这里,牌子所示的区域,是数码摄像头监控的区域。由众多的"电子眼"及其辅助设备组成的监控系统,24 小时监视着本区的安全。

二、 电子眼原理

现在,我们说说电子眼是怎样"看见",并且把"看见"的一切告诉人们的。为此,我们把电子眼和人眼做一类比。

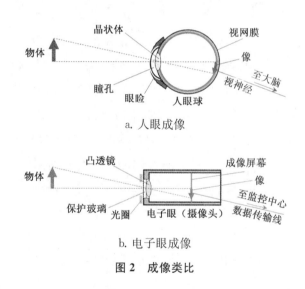

a. 人眼成像

b. 电子眼成像

图 2　成像类比

从物理学我们知道凸透镜成像原理。图 2a 描绘人眼成像:反映物体形态的光线,通过眼中晶状体即凸透镜的折射,在视网膜上形成物体图像,图中被观察物体(箭头)的实像是倒立的小箭头。这个信息经视神经感知,送达大脑,在大脑造成物体图像的概念。图 2b 描绘电子眼成像,通过图形类比很容易理解,类似人眼在视网膜的成像,物体在电子眼的成像屏幕成像,这个倒立箭头便是实像,是反映实物图影明暗层次的光学信息,它们在电子眼屏幕被电子器件转换为数字化的电信息,这些数字信息可以就地存储在存储器,以备用于事后分析;也可以经数据传输信道送往视频监控中心,电脑把电信号转换为光学图像,即时观察被监控点的情况,同时在监控中心存储备用。

图 2 说明电子眼与人眼构造相似。相当于人眼视网膜的是电子眼成像屏幕,它由几十万乃至百万只极小感光二极管点阵[1]构成。被监视对象形体的光线在凸透镜折射后,经过焦点在电子眼的成像屏幕成像,影像的光学图形的明暗不同,使每个感光二极管形成各自的感光电荷,一个密集的电荷点阵,就是被监视对象的图像信息。信息数据经传输线送往监控中心(相当人的大脑),转换为视频影像在屏幕显示,监控中心计算机存储并管理这些信息,以备查询。

三、 电子眼监控系统

(一) 通用监控

我们把电子眼绘成人眼形状(图 3),介绍视频监控系统。系统由电子眼、数据传输线和计算机系统组成。计算机除通常的标准外围设备,还拥有巨大的外存储器和显示屏幕群。外存储器存放电子眼送来的视频数据及必要的配合数据。显示屏显示当时的或历史的视频信息,由操作者在相应的数据库软件支持下,按需随时调取,进行显示。

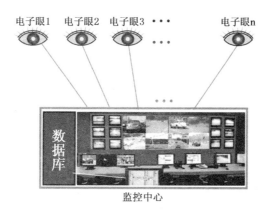

图 3　电子眼视频监控系统

视频监控系统已经远远超出交通监控范围。现在,城乡各处都在安装电子眼,公共场所、居民区、商店、宾馆、旅游点、住宅……无处不在。一座城市有多少电子眼,难有权威统计。若说某市有 100 万个电子眼正在工作,一定不是夸张。

图 4 示几个电子眼送往监控中心的视频信息,可以由一个或多个显示器显示。通过计算机技术,可以将一个显示屏"切割"为多个,同时显示多只电子眼

的监控信息,图4示出的是1个监控屏被"切割",用于显示9只电子眼的监控画面。通常以显4、9或16个画面者居多。如有必要也可以"切割"得更多些,如25幅。电子眼的视频信息除了在解释画面实时显示当时的被监视信息,这些视频信息都保存起来,供事后分析之用。

图4　电子眼的监控画面

(二)交通监控

电子眼在交通监控系统的应用特别多,它们的工作是,在各自职责范围记录全部视频实时信息,经信道送往监控中心。这是第一手数据资料(请注意,视频信息就是数据),配合其他的车管数据,建立交通监控数据库。

以交通监控的《车辆违章记录》为例,数据库违章的管理,包括照片、视频和一些表格。我们避开复杂的专业描写,将大量的交通数据通俗地简化为下面的登记表。它是通过数据库管理软件链接必要的数据得出的,只有有权限的管理人员才可以调阅,他们以鼠标点击表格有关条目,随时浏览、查阅数据库,例如

表1　交通违法记录数据库浏览表显示

序号	违章时间	车号	车主	车型	颜色	违章地点	内容	视频编号
...	...	...	...			...	...	...
01167	1210071805	12345	张三	Skoda	绛红	A街B街交点	闯红	A1-B5.1-10
01168	1311132947	67890	李四	Ford	黑	C路89千米	逆行	D5-F2-1-77
...	...	...	...			...	...	...

调阅照片记录或视频记录;调阅车主信息、车辆信息和他想调阅的其他信息。可以"人机对话",输入违章时日、违章内容、违章地点、车号、车主名……中的一个信息关键词调阅该表中需要的电子眼记录的现场录像。这是一些"只读文件",阅读人员无法修改所阅内容,杜绝了作弊的可能。

城乡各地有很多这样的视频监控系统,尽管它们的软件细节可能不一样,功能却是相同的。各处的系统还可以联网共享信息,建立区域性乃至全国性交通安全网络机制。

电子眼的另一项工作是配合雷达对车辆的行驶速度测控。雷达利用电磁波的"多普勒效应"测速,监视车辆速度。电子眼则集光学原理、半导体科技和数字技术于一身,锁定超速车的车型、颜色、牌照号和其他特征,以及超速时间与地点。电子眼协助雷达对违规超速车辆进行记录,通过路网由有关部门警示或处罚。这项工作是人力绝对无法胜任的。

（三）在高端科技领域

电子眼配合某些高科技手段,承担了人力难以胜任的任务。再举几个例子:

1. 内窥镜中的电子眼

19 世纪发明的内窥镜是插入人体内部器官,通过光的折射检查和治疗疾病的医疗高端技术。现在已经在使用光电耦合成像技术 CCD 或 CMOS,由微型摄像机将病灶影像以数字信号导出,由计算机处理。比起原始的纯光学图像是鸟枪换炮,使图像的贮存、再现、会诊以及计算机管理成为可能。小型的电子眼使微创医疗如虎添翼。

2. 仿真机器人中的电子眼

电子眼在仿真机器人中担当眼睛的角色。当然它们可以安装在机器人的眼睛位置,也可根据需要安装在别处,例如胸前、背部、脚上甚至屁股上。我们参观过仿真机器人踢足球比赛,每个机器人队员的正面、反面、侧面,高、低部位的一些"器官"都装有"眼睛",目的是为了"看"清楚足球和其他队员的位置,给"大脑"提供下一步的行动判断依据。

3. 工业内视镜中的电子眼

工业内视镜与医疗内窥镜相似,用于细微处,特别是高温、有毒、核辐射及人眼无法直接观察到的场所,检查和观察气缸内、管道、电机绕组、炉膛等,在不停车、不拆卸的情况下实现无损检测。工业内视镜与计算机连接,组成工业微诊断系统。工业摄像镜头安装在特殊环境中。我们已经在我国电视节目实时报道飞船发射时,运载火箭尾部的摄像头使人们可以看到火箭喷火的雄姿。

4. 无人机中的电子眼

无人机在科研、气象、国防以及工农业生产等领域有很多用途,应该说无人机属于很高端的技术。有两种控制方式:一是自主控制,无人机按事先编制好的程序工作;二是由操控人员遥控指挥被派遣去执行某个特定任务的无人机。不论哪一种控制方式,无人机的"看"(当然还有"听""感"等其他传感),由电子眼负责。电子眼"看"到的,是宏观世界最直观的信息——形状、位置、运动和色彩等,是无人机行动的重要依据。执行灭火任务的无人机在飞达火场上空"看"到火势才洒下灭火物;执行搜索任务的无人机在"见"到搜索对象时发回搜索信息;执行"定点清除"的它们,只有"看到"要求清除的对象,核对准确无误,才启动清除程序。这些靠的都是电子眼。

(四) 防盗安全监控

这是电子眼与老百姓最接近的功能,也是电子眼的主要功能之一。关于电子眼的防贼防盗故事,我们已经在影视剧和纪录片中见多了,比如公安、法院如何用电子眼的记录作为铁证处理案件。的确,电子眼是盗贼的克星。珠宝店、博物馆、展览会、金融机构、营业厅、取款机、购票处、超市、柜台……电子眼简直无处不在。人们都喜欢侦探文艺,现实中也有活生生的侦探故事,电子眼的记录是最精彩的,请看:

某天,一个蟊贼在金店附近溜达踩点,从店门进进出出。另一天正午,一辆蓝色面包车驶入金店门外,四个蒙面大汉提着一口皮箱下车,进入金店;正值店内没有顾客,一个劫匪怎样举枪威胁店员,另一个如何用锤子砸碎柜台玻璃,其他两人是怎样疯狂地将金饰洗劫装入皮箱,四人仓皇出店,如何迅速开车逃走。经过哪些街道,出现什么波折,又在市郊消失……再一天,刑警在火车站,机智地和这伙正要逃往外地的贼人周旋,用巧计将他们全部擒获。

这是破案后编辑整理的数十个电子眼的记录,伴随讲解员的讲解放映,中间不时插播破案过程中刑侦人员的推理,犯罪分子的供述和心理分析等。眼睛盯着屏幕,耳朵听着解说,匪徒的作案过程串成了一条完整的逻辑链条,观众津津有味如同身临其境,比看侦探电影还过瘾。这是众多电子眼——街区的、金店的、公路旁的、十字路口的、收费站的、可能还有邻近单位的历史记录综合的成果。没有它们,就难有这场生动的破案故事。

花点钱,我们家中也可以供奉电子眼这尊监视神。在"智能小区"居民家里安装多种探头,如响声感知器、红外探头、门磁、玻璃破碎感知器等,当家中无人,盗贼入侵时,由探头和电子线路组成的智能安保系统,通过无线网告知主人手机;同时启动电子眼抓拍盗贼行为。最好是主人通知保安抓获贼人;次好是警报声大作,把贼吓跑;第三好是电子眼录下现场,事后破案分析有依据。

(五) 工农业生产

在生产上,电子眼的主要功能是:

(1) 作生产的传感元件,向生产控制系统报告生产过程信息,提供控制依据;实现材料和产品计数。

(2) 作生产管理元件,为管理者提供现场图像。

(3) 作安全传感元件,监视人员和设备安全,通过自动连锁,对进入危险点的人和物,进行警告或作避险处理。

(4) 农业观察作物生长,监视家养动物行为。

(5) 观察野生动物行为,为保护动物出力。据报道,隐藏的摄像机曾发现珍稀的雪豹、东北虎踪迹,也监视过动物的生活等。

四、 电子眼的其他功绩

我们知道摄像头就是电子眼,它不仅起到眼睛的作用,收集视觉信息,还能以无线或有线信道给监控系统发送监视信息,作为系统决策依据之一。电子眼在防盗、防灾、生产控制、生产监督、医疗、军事、航空指挥、机器人、危险生产场合侦察、处理交通纠纷、破案以及其他许多需要监视现场信息的场合,有着数不尽的用途。

电子眼更高级的应用,是在航天和卫星技术中,它们将视觉信息用数字脉冲形式,以光速向地面或太空传送。迄今我们见到的天体照片,绝大部分就来源于航天器上的电子眼。电子眼在高科技领域施展才能,有不可替代的作用。在日常生活中也大显身手,除了防盗和交通监控,还有电梯电子眼、居民小区电子眼、街道和公众场所电子眼。它们是一双双警惕的眼睛,日夜守护着社会安宁,忠于职守、不知疲倦,从来不眨眼。

电子眼神通广大,也不是可以随心所欲随便安装的,不可以监视他人的隐私,更不可以触犯法律。为了安全和事后分析,一般会在公众场合如银行交易点、超市、生产现场和公众场所安装电子眼。电子眼会把安全搞得更好些。

五、 电子眼的负面作用

电子眼可以做得小巧玲珑,更有一种"针孔成像"的摄像机,人称针孔电子眼,一片直径 0.3 mm 左右的小圆孔的硬片代替透镜,作为聚焦元件,摄像机就更加小巧隐蔽、廉价、易安装。不过也给了行为不端的人创造了犯罪条件。有人为窥视他人隐私,有人为了盗取别人金融卡信息,私自隐蔽安装针孔电子眼。

针孔成像又称小孔成像(见图 5):硬薄片上的小圆孔可以代替凸透镜,让硬片前面的物体,在片后的屏幕成像。小孔成像不考虑焦距。我们可以简单理解这是因为光是直线传播之故。实际小孔成像的原理是光波的衍射,可以从专业的光学读物得到解答。成像孔径愈小像愈清晰,但穿过的光能也愈小,故感光效果不及透镜。利用小孔成像原理制成的摄像头,也称针孔电子眼,它比凸透镜镜头占用空间小得多,更便于隐蔽,常被用作间谍工具。

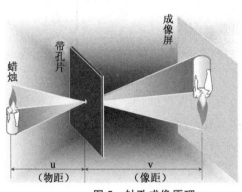

图 5　针孔成像原理

LINK 知识链接[1]:成像屏幕感光点阵

成像屏幕由大量感光半导体元件组成,它们如马赛克排列成点阵。附图是这个点阵的示意。真实的感光屏是由几十万到几百万数量的感光点组成的,比这要密集得多,不是肉眼可以分辨的。为了更好理解这个"马赛克"点阵。在图示的感光点阵中抽出 4×4=16 个感光点这里绘的 16 个小方块,是从左面感光点阵中抽取一小区域放大,每个方块代表一个感光二极管,为感光点阵基本单元。点阵中每个元件是一个成像的基本单元——像素。被摄物体的影像在屏幕形成一个光信号点阵,由于半导体二极管的光电特性,光信号点阵被转换为电信号点阵。这个电信号点阵就是我们需要的图像信息。附图的右边图看出感光点的排列。这些二极管光电耦合元件 CCD 或是 CMOS 器件,是将光信号转换为电信号的半导体元件,是一种可以记录光变

化的半导体组件。由许多感光元件组成,通常以百万像素为单位。当CCD
表面受到光线照射时,每个感光单元会将电荷反映在组件上,所有的感光单
位所产生的信号加在一起,就构成了一幅完整的画面。这些画面以二进制数
的形式存储于存储器,作为历史数据,也可随时调出供事后分析。

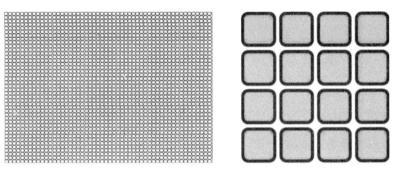

成像屏幕感光点阵　　　　　　　　点阵局部放大

附图　感光二极管感光点阵

怎样把时钟做得更准确

一、"请问，几点了？"

"对不起，请问几点了？"或者因为没有带表，或者疑心自己的表不准，人们有时这样问周围的人。

是的，因为现代生活的快节奏，人们需要准确掌握时间，特别是在上下班、乘坐交通工具或者参加约会的时候。我们今天使用机械钟表、电子钟表和手机计时，它们是独立运行的，各有各的走时信号源：机械表由机械摆供给信号源；电子表和手机由晶振[1]供给；交流电钟则依靠交流电网的频率。各种钟表的走时信号互不相干、互不联系，难免出现互不协调的误差。要让所有的表一秒不差，唯有全世界的钟表都由同一个信号源授时。于是就有了"世界钟"（world clock）的概念。

世界钟由统一的准确信号授时，就是让地球上每个时区的世界钟，在同一时刻指示该时区相同的时分秒。这个设想，在技术上可以实现吗？

回答是肯定的。事实上，世界上已经有了这样的钟，卫星定位系统就可以有这样的功能，只不过暂时没有把这样的钟表应用到千家万户而已。

二、统一的世界钟

建立统一的世界钟，让全世界的钟表都由唯一的授时中心授时，人类的生活会更美好。由国际协商确立唯一的、权威的授时信号，这个信号可以有多种方法向全世界发送。我们列举两种：电视和卫星报时。

（一）电视

专门的"报时电视台"以视频播送授时信号，这个电视台播送唯一的画面，就是准确的时钟盘面，它显示时分秒或更精确一点的时间，同时播放报时伴音。这个专门接收报时电视的电视接收机就成为世界钟。当然，如果全世界共用一个报时电视台通过卫星转播，不同时区的世界钟，通过钟表内部硬件或软件工作,显示本时区的时间,技术上完全可以实现。世界钟安装在公共场所或由人携带,实现精确计时。电视机制造成手表或怀表等形状,或者使它们成为计算机或手机的一个附件。不管用什么样的方式,走时一定非常准确。对日常生活,采用一秒一变的速度播送时间已经够用了。以报时电视台为世界钟授时的"电视表",早有人设想过,理论上没有问题,也不需要另建专门电视台,在现有电视台增加一个"报时专用频道"就行。但要真正用于实际,困难还是有的。例如视频信号盲区的解决、运动着的电视接收机的微型化,也就是制造微型的手表大小的电视接收机的技术问题等。

(二) 卫星报时

设计一个类似地面广播电台或者类似卫星定位系统的通信系统,以简单的数字脉冲给世界钟授时(图1)。系统的地面控制站的精密计时器(通常是铯原子钟)被国家授时中心的授时信号校正到一个正点,作为标准信号源,以正确的授时脉冲发送给定位系统的卫星(如北斗系统或 GPS)。系统卫星协同工作,通常有数十颗(为看图清晰,图1仅绘两颗)覆盖全球。卫星将授时信号转发给地面多个授时信号发送站(图1仅绘一个)。这些发送站再发给地球上的计时器(如钟表,下文简称"时计",是专门设计制造的,图1中用指针式的圆形钟表代表)。时计就是一个脉冲接收器,原理非常简单,如果只精确记录到秒,造价也低。这时,时钟信号发送站每秒发送一个脉冲和这个脉冲的注解信息(即本脉冲的时、分、秒数)。时计将这个"时分秒"显示出来,这是小儿科的电子技术,只要有准确的脉冲,便可制成准确的时计。时计若做成指针式的,秒针由经过功率的放大的计时脉冲驱动的微型步进电动机带动,分针和时针由秒针经齿轮变速后的转轴带动,外形可以做得和指针式电子表或者古老的钟表一样;也可以做成数字式的,通过一个电子电路实现,和现今的电子表一样,没有机械运动部件,更加耐用。

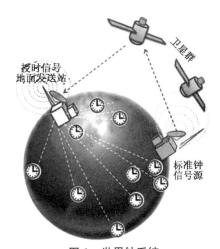

图 1　世界钟系统

很多国家和我国一样,都有十分准确的基于恒星位置的天文授时中心;有数百万年误差不到一秒的原子钟,加上通信技术卫星定位系统,以一个准确时钟源建立世界时钟系统是毫无问题的。人类已经完全具备了给全世界所有的计时器发出唯一授时信号的能力。就看各国有关部门什么时候协同讨论了。当然，建立全世界统一的授时系统并付诸实用，还有许多工作要做。但理论上和技术上确已成熟，**我国是有条件抢占先机的**。

三、 世界钟将使人类受益

一旦世界时钟系统建立起来，将给人们带来许多的好处，科技、工农业生产、文化教育乃至老百姓的日常生活都会大大受益。

钟表的结构将大大简化，世界钟内部不再需要机械摆或晶振一类的时钟脉冲源，只需接收来自授时系统的脉冲信号，使用一个步进的机械装置或者一个电子线路，实现非常精确的全世界时钟同步：相同的时、分、秒报时，可以达到秒级、毫秒级甚至更高。

可以通过地面转发系统的时间信息，带动声音报时的钟表。这在技术上不难做到。报时准确到秒，每秒发六个音节（即六个汉字）不成问题，如 14 点 59 分 41 秒，报"幺四五九四幺"；十三点整报"幺三零零零零"；……余类推。供盲人和腾不出眼睛看表的人收听，多么方便。

世界钟可用作同步通信时钟源，无需另设公共时钟便可实现远程同步通信，比较现行的异步通信模式，同步模式可大大提高效率和节省费用。

一些不重要的需要时钟工作的家用品、包括儿童电脑，都可以利用世界钟的报时信号，不需另设时钟。

在有很高时间精度要求的场合，例如需要非常准时同时钟的远程科学实验、预约时间的同步科学研究、毫秒级或以上精度的时间控制系统等。世界钟将带给工业、医疗的好处也是非常多的。

世界钟是最准确的时计。

怎样把斜面原理应用得更好

——螺丝将斜面原理应用到极致

一、 随处可见的螺丝

有一支儿歌这样唱道：

> 路边有颗螺丝帽，
>
> 弟弟上学看见了。
>
> 螺丝帽，虽然小，
>
> 祖国建设不可少。
>
> ……

图1　多种螺丝

的确，小小螺丝，建设不可少。大到万吨远洋巨轮，小到玩具，都有螺丝的身影。口语里"螺丝"泛指螺钉、螺栓、螺母，甚至是有螺纹的零件。可作紧固件、连接件、密封件、传动件或省力零件的螺丝，我们知道它源于斜面省力原理。那就从斜面谈起吧。

二、 斜面省力和螺旋

物理学的功能原理说斜面省力，我们容易从实践中体会到。刀斧是最常见的斜面，我们体会最深：越是锐利的刀，斜面角越小，分解物体越省劲。其次是斜坡，人从斜坡把重物运往高处省力（图2）。重 g 的物体垂直提升 h 高程，用力 g，做功为 gh。若从与水平交角为 β 的斜坡推上，做功仍旧是 gh，但运送路程增为 $h/\sin\beta$，算出运送的力为 $g\sin\beta$，小于垂直提升力 g。做功量没减，力小了，用力的距离增加了，这就是斜面省力不省功的原理，也称斜面原理。古人早就实践了。原始人的石斧；四千多年前埃及人利用斜坡省力，将数吨重的巨石运上金字塔顶，都是斜面原理的典型应用。

图2标出了一些具体数据，计算100千克重的酒桶从地面搬到高 h 的平台所需的力。当斜面与地面水平交角 $\beta=30°$，从功能原理计算，用50千克力，可

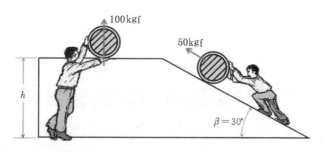

图 2　斜面省力图示（β＝30°，可算出斜坡长 2h）

左边工人将 100 千克重酒桶垂直搬上高为 h 的平台，他用 100 千克力；右边工人顺坡长 2h 的斜坡将桶推上平台，只需 50 千克力，省力一半。

向上推动酒桶。若 β＜30°，推力会更小。例如当 β＝4.5°，计算需 8 千克力（实际上将酒桶推上斜坡，不可能没有摩擦阻力，所以推动要大于 8 千克力）。

图 3 设想一片没有厚度的直角三角形纸片，缠绕在圆柱体上。纸片斜边就成为一条空间曲线——螺旋线。依纸片的缠绕方向不同，有右螺旋线和左螺旋线，形成的螺纹也分别对应右螺纹和左螺纹。从斜坡省力原理，如果重物沿螺纹上升，也一定比垂直上升省力。在圆柱上按螺旋线刻出螺纹就成螺杆。图示的三角形斜边与底交角 β，螺旋角 α、螺距 h，是螺丝的重要技术参数。

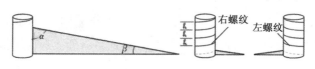

图 3　斜面、螺旋线与左右螺纹

三、螺丝的用途

螺丝，这一伟大发明把斜面原理发挥到极致。省力使连接和紧固技术发生了根本性的改变。螺丝首先在工业上大派用场，然后迅速扩展到几乎所有行业，成为用量最多、范围最广的"标准件"。

（一）作紧固件和连接件

没有螺丝前，物件的连接和紧固用捆绑或榫接等，力小捆不紧也不牢固。有了螺丝，情况发生根本变化。相同或不同材质都可以用螺丝紧密连接。钢轨固定于轨枕、钢结构桥梁、输电铁塔等大型构筑物的构件连接，螺丝作为基本零件，常常承受拉、压、弯、剪等力。

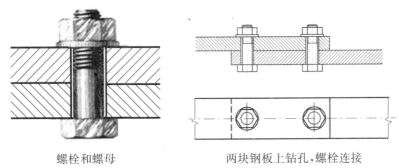

螺栓和螺母　　　　　两块钢板上钻孔,螺栓连接

图 4　螺丝作为紧固件和连接件

(二) 千斤顶、起重机、压力机

起重、压缩有很多的机械方法,使用螺旋是其中之一。螺旋千斤顶、螺旋压力机、螺旋升降平台、螺旋榨油机……小力变成大力的工业和民用螺旋机械,不下千余种。原理就是斜面省力。

图 5 是螺旋千斤顶的外形和内部结构,图旁文字说明操作。

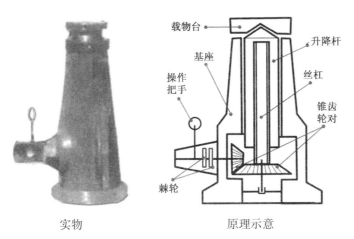

操作把手往复摇动,棘轮限制只有一个方向的摇动使锥齿轮带动丝杠旋转。螺母是升降杆,通过斜面原理20千克力可以顶起8吨重量。人压把手每行程40cm,重物升降 1 mm

实物　　　　　　原理示意　　　　　　操作说明

图 5　利用斜面省力的螺旋千斤顶

(三) 电风扇、排风机

电风扇的每个叶片是由无数微小的斜面组成的,它们以转轴为中心作旋转对称排列,工作时电动机叶片与轴同步旋转,叶片斜面扇出风。图 6 以运动的斜面解释扇风原理:一个与运动方向成 β 角的光滑斜面,以速度 v 向右运动。运动平面上有一静止的光滑小球。斜面运动接触小球后,由于球与光滑斜面没有摩擦,所以没有力推球横向运动。运动的斜面推着球,向与 v 垂直的方向,以

速度 v_1 运动。从力学分析 $v_1 = v \tan \beta$。图上深灰色△是斜面接触球的开始瞬间情况，浅灰色△为运动斜面与球接触的中途情况，白色△是斜面脱离球的时刻情况。从斜面接触球开始，直到脱离斜面，球一直保持相同的速度。现在，电风扇的叶片就是这样的斜面，空气分子就是这个小球（当然它们比图上的小球小得多。为了说明原理，图上大大地夸大了），千千万万的空气分子被叶片推向与旋转平面垂直的方向，叶片周而复始地旋转，斜面不断推动空气流形成风。一组叶片就是一个多线螺纹，它们是由平斜面略加变形的空间曲面，变形目的是为调整风扇出风的方向和范围。以平斜面作风扇叶片也是可以的。

 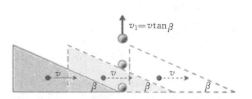

电扇叶片　　　　　　　　斜面生风原理（红色箭头示斜面运动方向）

图 6　以斜面解释扇风原理

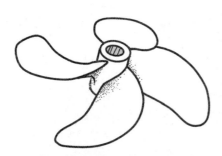

图 7　螺旋桨（这是四线螺纹）

从风扇可联想到大批应用斜面原理的机械：抽风机、排气扇、轴流泵、螺旋泵、螺旋桨（请注意，讨论的单个小球是空气分子，比起风扇和螺旋桨，空气分子的质量小到可以忽略不计。上面的计算仅从运动学讲述，认识空气运动方向）。螺旋桨是重型元件，它利用斜面运动作用于流体，流体的反作用力推动交通工具沿平行于轴的方向前进，它们安装在轮船、气垫车船、螺旋桨飞机、直升机等的主动力轴上。

（四）动力推动斜面做功

我们回头再看斜面解释风扇，如果图中斜面是静止的，而质量 m 的小球以图示 v_1 相反的速度向斜面冲击。这时它的动能 $m v_1^2 / 2$ 将斜面推向左边运动。无数的小球（也就是空气）冲向风扇，使风扇向生风时的反方向旋转。这时，流动的空气——风就成为动力驱动风扇旋转,成为被流体驱动的机器。风力发电机的风浆、水轮发电机的水轮、汽轮发电机的汽轮、燃气轮机的燃气轮,都是被流体驱动的斜面。利用水流或高压气体射击斜面,将流体的动能转化为机械的旋转运动动能,作机械功,这类机械很多:风钻、风动马达;液压马达;轴流水轮泵等。

以流体驱动的测量仪表有旋轮式的流量计、水表、燃气表、流速计等。

（五）运动和力的传递

螺旋升降机、机床的运动部件通常也可以靠螺丝来传递力。

螺旋送料机利用斜面省力原理,输送小颗粒物,在工农业生产上应用很普遍。图8示某型送料机,电动机驱动圆筒里的螺旋向上送料,圆筒两端侧面分别有料的进料口/出料口(如果是水平送料机,圆筒也可做成开口槽状)。

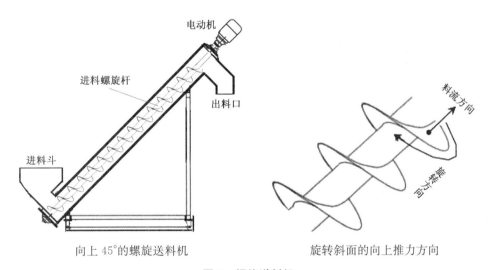

向上 45°的螺旋送料机　　　　　旋转斜面的向上推力方向

图8　螺旋送料机

螺旋送料机结构简单,占用空间小,适合于运送颗粒状、糊状和粉状物质。这里,螺旋将旋转运动转换为被送物料的直线运动。

除作单机外,螺旋杆也可用作某些机械的传送零件:绞肉机用螺旋杆将肉料挤往刀片,燃煤锅炉以螺旋杆送煤到炉膛。所送的"料"如果是液体,送料机就成螺旋泵。螺旋泵体长度小、加工精度高,用于定量送料。此外,轴流水泵、轴流鼓风机等,都是旋转运动推动流体定向运动的机械。

（六）精密调节和测量

加工精密的螺丝件,用于精密测量和调节。图9的螺旋测微器,就是技术

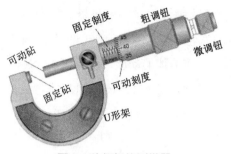

图 9　外径螺旋测微器

工作常用的精密量具。在机械加工中测量 0.01 mm 精度的尺寸,使用螺旋测微器。该量具的主体是一套螺杆和螺母,加工极精的螺距为 0.5 mm。测量时,螺杆不转动,调钮螺母推动与可动砧一体的螺杆,在 U 形架上直线运动。被测工件置于固定砧与可动砧间,工件尺寸就是固定刻度与可动刻度合起来的读数。使用螺旋测微器要作短暂的学习。通常,左手持 U 形架,卡在工件外径上,右手转动旋钮,开始用粗调钮调出个大概,接用微调钮"上紧",微调钮有"嗒—嗒—嗒—嗒"响声,是给粗调钮使微力,有十来声"嗒嗒"便读数。调钮螺母带动可动刻度转一圈,可动砧运动一个螺距 0.5 mm,在固定刻度读出;可动刻度的圈均分刻 50 格,小于一个螺距的距离在可动刻度读出,每格表示 0.5/50＝0.01 mm,是测微器的精度。

望远镜、照相机的对焦调节,枪炮的瞄准器调节,仪表直线电阻的微调,继电器弹力整定等属于精密调节;电杆拉线的紧度,皮带轮的张紧度,阀门的开启度等属于一般调节,都是通过螺丝省力原理实现的。这些调节是无级的,可以微动,经济简便。

(七) 作为密封件

容器和管路密封防漏的方法有很多。对有弹性的容器(如尼龙),料口是光滑圆孔,以自锁螺栓旋入切出内螺纹,能很好地密封。

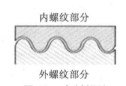

图 10　密封螺纹

加工精密的硬材料,使用带微锥的曲线螺纹螺丝,也可作短时密封防漏,或作黏稠液体容器密封临时防漏,但是不宜作长时间密封防漏,更不适用于真空密封。

四、 其他有关螺丝的部分知识

世界上用量最多、应用范围最广的机械零件是螺丝。作为标准件,各行业都用到螺丝。重型机械地脚螺丝重以吨计,微型仪表一个调节螺丝只有零点几克。日用品牙膏、饮料瓶、药瓶、眼镜、钟表、玩具、文具、首饰……无处没有螺丝。以下搜集有关螺丝的部分知识,与读者共享:

螺丝的制式:我国国家标准使用公制,按螺杆的直径毫米数标注螺丝规格,如直径是 6 mm 的三角螺纹螺钉,规格 M6;螺纹角 60°。英国等国家使用英制,以每英寸的"牙"数定螺纹规格;螺纹角 55°。中国曾使用过英制,现在除不得已的少量进口物中,我国英制螺纹的使用很少见。

螺丝自锁:螺丝作为紧固件,靠摩擦力保持内外螺纹间相对静止。无外力时,螺丝不自然松动,称为自锁。螺丝若不能自锁可能会酿成事故。技术上保持自锁有许多方法,如加弹簧垫圈、止动片、双螺母、花篮螺母等。

自攻螺钉:需要旋入薄板、韧性好等实体母材的螺钉。大的自攻螺钉尾部带钻头,靠旋力在母材钻孔。小自攻螺钉尾部无钻头,靠旋力和轴向力将自攻螺钉旋入。也可先钻小孔,旋力在母材攻出内螺纹。木螺钉属自攻螺钉。

图 11　自攻螺钉(右一个带钻)

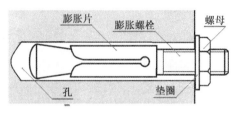

图 12　膨胀螺栓之一种

膨胀螺栓:膨胀螺栓如图 12 示,在地面、天花板或墙面钻孔,将有锥形尾和膨胀片的金属螺栓置入孔内,拧紧螺母时螺栓锥形尾部运动,使膨胀片与孔壁逐渐紧密接触,摩擦力将螺栓牢牢固定在孔壁,"栽"在墙面、地面或天花板上,在室内装修用以固定吊顶、灯具等;在室外作轻便架子的地脚螺栓。膨胀螺栓的强度和固定力有限,不宜用于受力大的和频繁震动场合,如大结构件或机器的地脚螺栓。

右旋螺纹和左旋螺纹:也叫右螺纹和左螺纹(图 13)。按多数人右手劲大,旋紧时最得力,设计出右螺纹。多数螺丝是右螺纹。左螺纹仅用在特别场合。绘图标注左螺纹时加注"LH"字样。如某螺栓图注有"M16×20 LH",表示公制左旋螺栓,标称直径 16 mm,长 20 mm。左右旋螺纹可以配合,用于管道接头、拉紧装置等。紧线器框上下两个锁紧螺母,分别是左、右螺纹,扳动框架绕轴线转动,两个有环螺栓将靠拢或离开,实现紧线的拉紧或线松开。燃气钢瓶接口用左螺纹,防止误将非燃气管接入发生意外;顺时针方向旋转的风扇叶片锁紧螺丝是左螺纹,防止风扇旋转将锁紧螺母甩出。

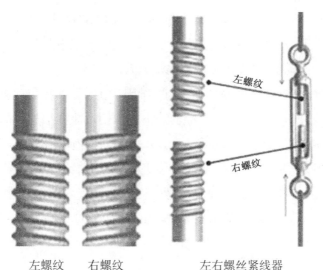

左螺纹　右螺纹　　　　　左右螺丝紧线器

图 13　左、右螺纹及其应用一例

单线螺纹和多线螺纹：以螺栓为例说明，一个螺栓只有一条螺旋线者，是单线螺栓；两线螺旋线者为双线螺栓；多条螺旋线者为多线螺栓。左图双线螺纹深灰色和浅灰色是两个独立的螺旋线。多线螺栓的螺距是相邻两条螺旋线之间的轴向距离。常用的普通螺栓多数是单线的。某些食品容器有用多线螺纹的，可以快速松紧。螺旋桨和电扇应当作螺旋理解，它们是多线螺纹。两叶螺旋桨有两条螺旋线，三叶螺旋桨有三条，四叶螺旋桨有四条……

图 14　两线螺纹　　　**图 15　直线/旋转运动变换**

螺纹作变速器：螺丝可将旋转运动变为直线运动，或将直线运动变为旋转运动。图 15 是一个单线螺纹机构,当固定在轴上的圆柱向下垂直运动,螺杆就依箭头方向旋转;反之,螺杆旋转,圆柱就上下运动。这种机构常用在小力矩的高速旋转场合,小而轻,比齿轮加速器简单多了。

有一种擦地旋转地拖,就是利用这个原理。湿了的拖把头置于专用桶上一个可以自由转动的漏盘上,人力将拖把杆作直线运动,杆上的小圆柱压着带着拖布的螺杆在漏盘中快速旋转,离心力就把拖布上的水甩出去了。

滚珠螺丝:螺丝用于力传递,例如升降机。将旋转运动变为直线运动,螺栓与螺母之间是滑动摩擦,引起发热,能量浪费。可降低内外螺纹间摩擦以减少损耗。方法是在内外螺纹间加滚珠,以减小 98% 的摩擦力。图 16 中滚珠丝杠旋转,通过滚珠带动导轨上的螺母作轴向直线运动。滚珠通过螺母内的一个管道循环,重复使用。

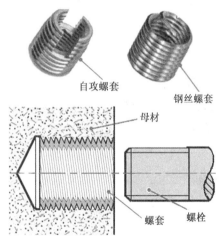

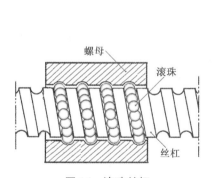

图 16　滚珠丝杠　　　　图 17　螺套(上)和母材中嵌入螺套(下)示意图

螺套:在木材、塑料、有色金属、铸铁等低强度母材中用螺丝连接时,为提高连接强度,在母材连接孔嵌入强度高的管状螺套。螺套管内外都切螺纹。图 17 示钢质自攻螺套及菱形钢丝绕制的钢丝螺套。母材为木材、塑料者,嵌入孔不切或只切浅层螺纹,当以专用工具旋入自攻螺套,在孔内切出内螺纹,可将螺套紧密固定。嵌入钢丝螺套的母材孔中,必须预切内螺纹,再以专用工具旋入钢丝螺套。

螺套能大大提高低强度母材的连接强度,从家具到航空航天技术都大量采用。

最朴素的自动控制
——从自动冲水的水斗谈起

"自动控制"是令人敬畏的时代新词,它实现的奇妙过程有时令人叹为观止;有时却是些平淡无奇的雕虫小技,不引人注目,本文要介绍的,正是一个平淡不引人注目的,但颇为有用的、朴素的自动控制装置——自动水斗。

一、 一个"雕虫小技"

图1是在中国北方某个城镇的公共卫生间看到的、一种被称为"水簸箕"也称"自动水斗"的卫生装置。它们被安置在公共厕所便溺沟起点的上方,周期性地自动冲洗水沟。水斗形如翻斗车的斗,出水口下前方对着应该冲洗的沟渠起点,水源是自来水或高位水箱,经水嘴注水入斗,水位上升到设定值便自动按图1箭头所示方向旋转,倾动约30°,水从出水口冲入水沟,顷刻泄完。紧接着,泄空的水斗自动反转复原到起始位,开始下一轮的接水—倾动—冲水—复原……周而复始地、自动地冲洗需要清洁的沟。水斗无人值守、不用电力、没有复杂的机械结构、易制造,实现着简单而朴素的自动化过程。

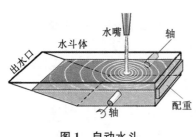

图1 自动水斗

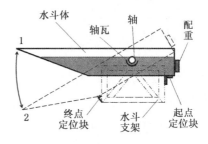

图2 自动水斗装置
水斗在起始位1与终点位2间
往复转动,倒完水瞬间在位2

二、 水斗工作的原理分析

图2是自动水斗装置的全部结构示意。可看出它由水斗和水斗支架两个

部件组成。

(一) 水斗

水斗是开口容器,由5块薄钢板焊成,两侧面为直角梯形,其他三个面为矩形;侧面各焊一个与侧面垂直、同直径、共轴线的轴;前部的出水口板与底板呈150°角;后板外侧附有一个配重,目的是增加水斗后部的重量,经过计算或试验,保证斗内无水时,斗的重心在轴右,空水斗不作逆时针转动。待到开始注水后,重心才会逐渐向左移。

(二) 水斗支架

水斗支架由角钢焊成。架上固定有两片起轴承作用的半圆轴瓦,钢管锯开做成(因为视图关系,在图2上可看见一片)。瓦的内径与水斗轴径匹配,轴置于瓦内,水斗可沿轴转动的范围,受起始点定位块和终点定位块制约。转动时,斗口在点1、2之间划一道弧。在起始位,水斗顶面呈水平;在终点,顶面与水平面交角约30°。图中虚线示倾倒到终点的水斗。

(三) 水斗工作步骤

图3过轴中心作铅垂线,以此为界,将水斗分成前段和后段。设计时计算好配重,使空水斗的重心在后段。设水斗连水一起总重 F,显然在水斗工作过程中 F 是变化的。按五个阶段分析水斗的工作:

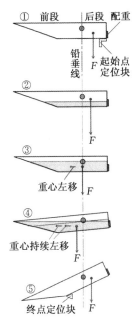

① 起始时重心在后段,合重力 F 对轴形成顺时针力矩,由于起始定位块的约束,放置在轴上的水斗顶面呈水平。

② 注水开始。前段的水截面呈梯形上升,后段呈矩形上升。随着水位的上升,梯形上底加大,而矩形上边长不变,故前段水重的增加比后段快。水位上升,水斗重心左移直到与铅垂线重合前仍有顺时针力矩,故不转动。

③ 随着水位持续上升,重心持续左移到铅垂线上,总重力 F 与轴铅垂线重合,作用于水斗轴的力矩等于零。水斗虽静止,但已处于运动临界点。只要继续注水,重心再左移,将形成逆时针力矩。

④ 水嘴的不断注水,重心前移至轴的左侧,逆时针力矩形成。水斗逆时针转动,斗向前倾斜,更多的水

图3　水斗工作分析

涌向前段,重心更加快速左移,逆时针力矩急剧增长,转动加快,水迅猛涌向前段,最后以很大的流量倾覆冲入水沟,几乎没有余水。

⑤ 水斗以大流量将水倾泻完。值得注意的是,在水未全部泄完前,顺时针力矩就会恢复,但由于惯性,水斗仍逆时针转动。顺时针力矩给逆时针运动的水斗一个负的角加速度,水斗作等减速转动直至停止。最后空水斗在顺时针力矩作用下回归原位①。

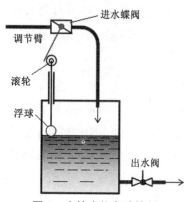

图 4　水箱水位自动控制

水斗的动作周期和每次泄水量可以在一定范围内设定,例如调节水嘴的开启度可以改变动作周期。改变配重可以改变每个动作周期的泄水量。

水簸箕是最朴素的自动控制装备一例。朴素自控最大的特点是简单、无需外加动力源。

三、 其他朴素的自动化装置举例

无外加动力的朴素控制例子很多,再举若干。

（一）自动水位调节

进水蝶阀靠调节臂自重全开启。浮球连杆上端有滚轮,当未达设定水位,滚轮没有接触蝶阀调节臂,蝶阀以最大流量给水箱送水。在水位上升直到与滚轮调节臂接触前,蝶阀不动作。水位继续上升,滚轮推动调节臂顺时针方向转动,调小蝶阀流量。设计时考虑了在最高水位时蝶阀应关闭,不再进水。在调节区,蝶阀开启度是变化的:水位升高,开启度减小,最高水位时进水阀完全关闭;水位降低,开启度加大,达到最低水位时,进水阀开启至最大,以最大流量进水。

（二）离心调速器

图 5 是蒸汽机的离心调速器。古老的离心调速器在蒸汽机发明时,为防止蒸汽机超速而设置。它的工作过程大致是:蒸汽机的速度通过速度引入轴的锥齿轮,带动调速器的离心球的连杆旋转,球离心力随

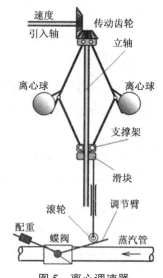

图 5　离心调速器

蒸汽机的转速增大而增大。连杆拉动滑块沿立轴上下运动,当蒸汽机速度超过额定值,离心力使离心球绕立轴旋转的半径增大,连杆机构拉动支撑架沿立轴上升。滚轮连杆在逆时针配重力矩作用下,推动不随支撑架旋转的滑块上升。配重也使蝶阀转动一个角度,减小阀门开启度,使蒸汽流量降低,蒸汽机因而降速。

(三) 水位自动控制——溢流

溢流的原理简单,用处也多,可以说是最简单最廉价的自动控制。南方丘陵地区的水稻梯田,在夏季以水量充沛的山溪水灌溉。水源从高向低,经一级又一级的梯田往下送水(图6a,示意于图6b)。稻田有一个合适的水深要求,过低不宜水稻生长,过高会漫过田埂。于是农民将流向下级梯田的出水口采取溢流措施:使出水口水平其与田底层泥的高度差,等于上述这个合适水深。这样,当稻田水低于这个水深,上一级梯田来水会使入水位上升,逐渐达到这个水深;高于这个水深,水将漫过出水口溢流。所有稻田出水口都是一个溢流槽,保证了每一块稻田有合适的水位。

a. 梯田　　　　　　　　　　　　　b. 梯田溢流示意

图6　梯田及其溢流示意

与此相似的自动水位控制还有江河的溢流坝(图7),它保证了坝内水位在丰水季节水位不会超过某一指定海拔,这对航运和灌溉都是十分必要的。

(四) 超压自动保护

家用压力锅有多重安全保护。其中"重力安全阀"是自动保护装置的第一重。各式压力锅的重力安全阀的原理相同,外观多样。图8是早先的一种安全阀剖视图。设锅的安全气压是120 kPa(Pa,压强单位,1 Pa＝1 牛顿/m²,120 kPa≈1.2 大气压)。常温下,安全阀帽在重力作用下,其锥塞与图示的蒸汽排放口密合。在压力锅设计制造时已计算好,只要排放口的蒸汽压强不大于设计值,蒸汽不足以顶

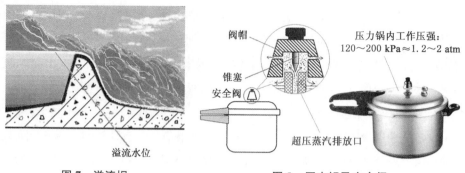

图 7　溢流坝　　　　　　　　图 8　压力锅及安全阀

开锥塞,阀帽就塞住蒸汽排放口,不排汽。烹调开始后,锅内温度和气压同步升高。压力超过设计值,超常压蒸汽在排放口顶开锥塞,沿箭头方向放散,使锅内气压降低。直至低于设计压强值,阀帽自重使其落下,压住排放口,阻止蒸汽继续排放。若锅内再次超压,这个过程就再次重复。于是锅内气压在设计压强附近波动,可近似看作自动恒压控制(注:各厂生产的压力锅工作压强略有差别,约在 1.05～2 大气压之间)。

蒸汽锅炉也可有这类重力安全保护阀。

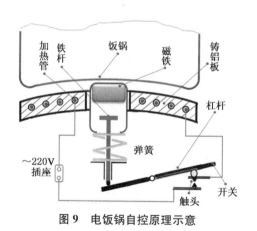

图 9　电饭锅自控原理示意

(五) 电饭锅自动断电

电饭锅多以铸铝板中电阻加热管加热。它有多种自控方法,图 9 是磁控型。圆柱形磁铁腔中永磁铁在居里点(103 ℃,此时饭已煮熟)失去磁性,铁杆自重落下,撞击杠杆,断开电路停止煮饭。

朴素的自动调节控制不胜枚举,共同特点是利用工作过程中物理量的变化为动力,实现控制期望。如电路电流超限,保险丝熔断切断电源;雷电高压使压敏电阻飞速降阻,释放雷电电流等,都是最朴素的自动控制。

双金属片、磁铁、温度计、声响、热电偶、热敏和光敏元件、液位等的变化都会产生微动力,可以控制位置、速度、压力、温度、流量、照度、时间等信息。实践证明,无外加能量的自动控制,简单廉价、可靠性高,应优先考虑采用。

怎样把高压容器做得更好些

一、 高压气体容器的需求

乘车从京承高速进京,快接近北京城区可以看到一群巨大的灰色球,有人说是城市雕塑。其实是贮气罐,存储的是陕甘宁送来的天然气。这些数层楼高的巨无霸,最大的罐容有 1 万 m^3,耐压 50 atm 以上,可储气 50 万标准 m^3。

生产和生活中常用到气体,工农业用的有氧、氢、氮、氨、二氧化碳、稀有气体以及各种燃气。化工厂、燃气厂和气田生产的气体体积是惊人的。以油气田为例,按标准 m^3 计,中小气田的产量日产多在数百万 m^3,内蒙古苏里格气田曾有日产天然气超 1 000 万 m^3 的记录,中东一些国家很多气田的日产量在 1 000 万 m^3 以上。这些天然气用管道输

图 1　天然气球罐

送或用车船运输到用户目的地,不管是产地、目的地还是运输途中,都需要贮存大量气体的容器。不像固体,有空地便可堆垒;也不像液体,有容器就能够盛放;气体必须用密闭的容器贮装,否则它们便自动在空气中扩散,逃逸得无影无踪。

贮存大量气体的好方法之一,是将它们压缩,装入耐高压的容器。气体定律告诉我们,温度不变的情况下,一定量的理想气体体积 V 与其压强 P 成反比,即 $PV=$ 常数。例如,标准状态下空气压强 1 atm(atm 为压强单位,即"大气压",1 atm$=1.013\times10^5$ Pa),20 m^3 的空气压缩为 2 m^3,体积缩小为 1/10,压强就会增 10 倍达 10 atm。当初需要 20 m^3 容器来贮装的空气,现在用 2 m^3 的罐就够了,当然这个罐必须耐压 10 atm。100 m^3 压强 1 atm 的气体,若用 1 m^3 的罐去装,必须将它压缩到 1/100,此时气压 100 atm,须由耐压 100 atm 的容器存放。

高压气体容器多用钢板焊制为长方体形罐、圆柱罐或球罐。我们可以从数

学、物理学和制造工艺综合讨论，什么形状的储气罐较好。

二、气体容器形状的比较[1]

（一）长方体罐

长方体罐制作简单，因为商品钢板多为方形，方便裁剪和焊制为六面体盒。图 2 为设想充气体的方形容器平行罐壁的一个剖面。从流体力学分析：气体压强垂直器壁且处处相等。从剖面图 2 看，每边都像两端固定的梁，力学分析得知，内壁受压力后，发生的形变以壁中央变形最大，以虚线夸张示意。方形罐有两个缺点。第一，垂直容器壁压力的作用在钢板内部形成的张力，张力企图把钢板撕裂，板壁中央受张力较大，板边缘较小。但钢板的强度是均匀的，不均匀的张力，很可能最先从中央将钢板胀裂。要让方形容器能承受高压，就得加厚钢板，或者在容器每个面的中央加焊一些筋板，以增大强度。第二，同等容量的情况下，方形容器的表面积比圆柱罐和球罐都大。以上两点都说明方形容器不仅要多费材料，而且内部张力不匀，这是方形容器的致命弱点。

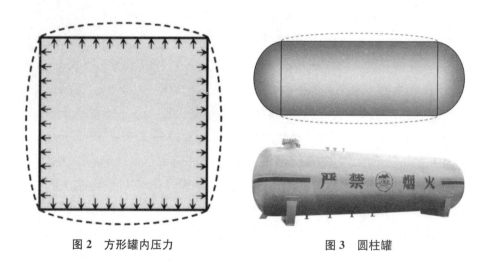

图 2　方形罐内压力　　　　　　图 3　圆柱罐

（二）圆柱罐

圆柱罐如图 3 所示，中段为圆柱、两头是半球形。气体压力给柱面钢板的张力在柱中央最大，可夸张为腰鼓形（图中虚线）。它受力不匀的情况比方形要好，也比方盒形容器略为省料。

（三）球罐

球是最完美的对称几何体。过球心作任意剖面，高压气体使内壁各点所受压强相等且垂直器壁。球壳每点的张力相同,可以用同一厚度的钢板,这是最经济和最理想的。理论和实践证明,球罐较圆柱罐省料一半。

三、 高压气体容器之最佳——球罐

球罐的最大优点是罐体均匀对称,罐内各点压力相等且垂直内壁(图 4)。其他任何形状的高压气体存储容器都没有球罐好。同等耐压同容量的情况下,球罐使用钢材只有圆柱罐的 1/2。能够承受百个大气压的实用的球罐由多块钢板制成,钢板裁成特定形状并压成球弧面,然后拼接焊成球形容器。随着高压燃气和其他化学工业的发展,球罐的需求量也与日俱增。高压球罐的设计、制

图 4　球罐压力分布

造、检测是综合技术含量高的工作。我国的球罐生产,无论是制作技术和还是生产能力,都卓有成效,产品已走向国际市场。

球罐用同厚度多块合金钢板拼接焊制而成,每块小钢板由压力机压成与球罐等半径的球弧面。小块拼焊成球罐。拼接钢板的形状有两大类型。

一类是"橘瓣式",多块钢板加工为形如橘瓣背面(图 5),如果球罐很大,还将橘瓣分成几段,仿效地球气候带命名各个段,如:赤道热带、温带、寒带等。橘瓣块的最上和最下顶各有一顶帽子:北极(上极)和南极(下极)。图 5 右只有一个赤道带、一个南极、一个北极。图 5 左有三层带——热带、两个温带和南北极。如果球罐很大,可以多过三层达 4、5、6 层……我国制造的高压球罐,大多数采用橘瓣式拼焊。

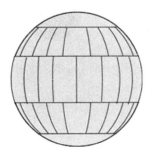

图 5　橘瓣式(举两例)

图 6　足球式

另一类是"足球式",仿效足球外皮拼接的方法,由 12 块球面正五边形和 20 块球面正六边形钢板,拼接焊制而成。五边形和六边形的边弧相等,曲率半径与球容器半径相同(图 6),这种球面多边形球罐只有两类零件,更利于加工。

焊成的高压球罐要作热处理,以消除焊缝应力,增大强度。退火热处理在球罐的制作现场进行,以轻油或燃气在罐内加热,按热处理规范处理。

气体进出管道和安全装置在球罐成型后安装。

我国已经掌握高压球罐的制造技术,设计制作了多座 1 万 m³ 球罐,内径 26.74 m,重 698 吨,由 94 块球壳焊成。球罐耐压与钢板厚度、材质有关,厚 40 mm 低合金高强度钢球罐安全耐压在 6 MPa(约合 60 atm)以上,化工和天然气球罐在国内相当普遍,我国制造高压球罐的技术正逐步走向国际市场。

确定储气量后,球罐单体容积越大,技术经济指标越高。所以各国争相制造大型球罐。据称美国已制成 20 万 m³ 高压球罐,内径 40 m,耐压 20 MPa(约合 200 atm)。制作超大型球罐的关键设备之一是超巨型液压压力机。

LINK 知识链接[1]:三种容器容积比较

设立方体、圆柱和球有相同表面积 $6a^2$:

1)立方体:表面积 $S_1 = 6a^2$,则边长为 a,体积 $V_1 = a^3$

2)圆柱形罐:当表面积 $S_2 = 6a^2$,令圆柱底半径 r,高 h,则表面积 $S_2 = 2\pi r^2 + 2\pi r h$,得 $h = 3a^2/\pi r - r$……(1),体积 $V_2 = \pi r^2 h = \pi r^2 (3a^2/\pi r - r)$……(2)对 V_2 求导以求 V_2 最大值:令 $V_2' = 0$,得 $3a^2 - 2\pi r^2 = 0$,则 $r = 0.6909a$,代入(1)式,得 $h = 0.68a$,代入(2)式,得 $V_2 \approx 1.047a^3 > V_1$

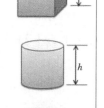

3)球罐:当表面积 $S_3 = 6a^2$ 令球形容器半径为 r,则表面积 $S_3 = 4\pi r^2 = 6a^2$,以算术方法解 $r^2 = 6a^2/4\pi$,得出 $r \approx$ 0.7a 代入球体积公式 $V_3 = (4/3)\pi r^3$,得 $V_3 \approx 1.38a^3 > V_2 >$

V_1,可见在同表面积的三种容器中,球罐容积最大,最省材料。或者说同容积容器,球容器的表面积最小。

高层电梯的较好选择

电梯是多层建筑物上下楼的代步工具。一个方形轿厢载着乘客或物品，在"电梯井"里上上下下，实现楼宇层与层间的垂直交通。有了电梯，我们可以节省上下楼梯时间，提高工作效率。今天的多层建筑特别是高达数百米的大厦，电梯不可或缺。本文要讨论的是，什么样的升降设备用在高层建筑里载人载物最好？

从技术层面和人体工程学的层面，我们认为最好的高层电梯应当满足四条：

安全：即使出现机械或电气故障，都绝不危及人身安全；

快速：电梯运行在最大的安全秒速；

舒适：电梯运行全过程，乘客始终没有不适感；

节能：电梯驱动电机有小能量损耗，高功率因数，有效回收制动能。

一、 电梯家族

电梯家族有好些成员。从机械结构和驱动方式来认识这些垂直运输设备，主要有七种：液压升降平台、齿轮梯、螺旋升降机、链条升降机、自动扶梯、卷扬式梯和曳引式梯。

（一）液压梯或液压升降平台

这是基于流体力学理论的液压系统。压力泵将液体压入液压缸，升降塞柱（活塞）推动轿厢上升下降；液压梯起/停与运行非常平稳，不存在轿厢坠落和冲顶的危险。在停电情况下，能通过手动泄压缓降至底层，液压梯安全、舒适和低噪音，他型电梯无法与之相比。但液压梯的活塞行程限制了轿厢的运行高度。目前主要在低层高级住宅和某些公共场馆等处使用。

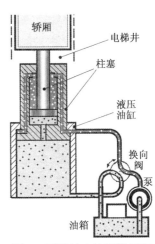

图1 两级柱塞液压梯原理

（二）齿轮梯

这是齿轮/齿条传动的电梯。齿条固定在专门的钢结构塔柱上，轿厢上的齿轮在电动机驱动下旋转，与齿条啮合推动轿厢沿垂直轨道上下。优点是层高不受限制，安装简单，无需电梯井、地下坑和电梯房。但轿厢沿专门塔柱升降，噪音大，起降欠平稳。轿厢上升与下降时，电动机力矩相差巨大，能量浪费大，安全性能差。由于这些缺点，齿轮梯仅作为建筑施工临时载物载人，不适合作永久性高层电梯。

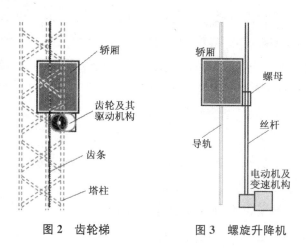

图2　齿轮梯　　　　　　图3　螺旋升降机

（三）螺旋升降机

这种升降机的升降力来自螺旋。螺旋是旋转的斜面，是省力的力学结构。螺旋将旋转运动变为轴向直线运动：电动机经传动机构驱动直立的丝杆旋转，使螺母作轴向升降，推动轿厢沿导轨上下（也可制成丝杆静止，电动机转动螺母带动轿厢）。这种电梯结构简单、升力大；缺点是速度慢、摩擦损耗很大。虽然可用多线螺纹和滚珠丝杆以提高速度和降低损耗，但高程达数百米的楼，得使用数百米长的丝杆，机械加工、安装和刚度保证等技术问题的解决，会增加费用，不如选用其他型式电梯合算。

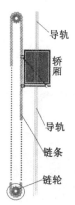

图4　链式梯

（四）链条升降机

电动机或液压驱动链轮，传动固定在链条上的轿厢沿导轨作垂直升降，理论升降高程没有限制。整个系统安装于型钢焊制的框架，对安装要求不高。可以不设电梯井和对重。但由于链条传动有齿隙和链条轴隙的存在，大量齿隙轴隙的积累使力传递滞后,起动制动时产生冲击,噪音大,停车不易精准,能源利用率低。大量的链轴导致过多的可能故障点(百米链条有近千个链轴),影响可靠和安全。链式梯仅适用于仓库、餐馆等低层间货物传送。噪音、串动和不确定的安全性,是高层建筑不宜采用链式梯的主要原因。

(五) 自动扶梯

自动扶梯由链条传动。有两点决定了它不宜作为高层电梯。首先,它的路线不是垂直而是一个斜坡,若用作高层服务,必须有一上一下两个"之"字形扶梯群,n 层的高楼需用 $2(n-1)$ 条扶梯。40 层高楼需扶梯 78 条,昼夜连续开行。图 5b 示意扶梯群,设一组上楼,一组下楼。扶梯群占用了较大的建筑空间,乘梯人上下多层时,每层要"转车"一次。这是低效且不方便的交通结构。其次,自动扶梯速度慢,斜线秒速约 0.4 米,按 30°斜坡算,垂直秒速仅 0.2 米。算上"转车",上下 10 层楼少说也得 3 分钟,高层居民是难以接受的。据说已发明了螺旋式的自动扶梯,可省"转车",这只是解决低速的杯水车薪。快速螺旋式扶梯也有新问题:各层乘梯人如何安全进出运动中的快速螺旋式扶梯? 可见,要让高层的自动扶梯群实现高层运输,至少目前技术无能为力。

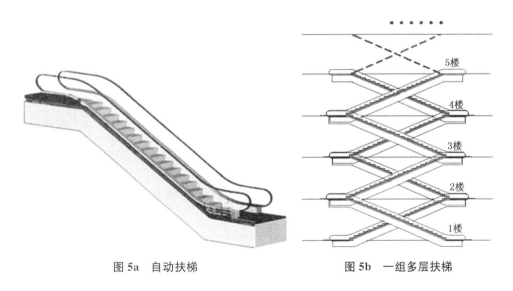

图 5a　自动扶梯　　　　　　　图 5b　一组多层扶梯

(六) 卷扬式电梯

这种电梯即卷扬式起重机,重物是轿厢。卷扬式起重机构造简单、应用广,凡起重作业之处几乎都有它的身影。有足够动力和合适构架,便可实现卷扬梯,起重高程和升降速度都能满足高层电梯的要求。图 6 示意的驱动机构包括

卷扬筒

驱动机构

钢丝绳

轿厢

图6 卷扬式电梯

电动机和减速机,驱动卷扬筒增加钢丝绳绕筒圈数使轿厢上升,电动机反转使轿厢下降,此时释放势能,由电气制动和机械制动协作控制下降速度。

作用于卷扬轴的最大静力矩为轿厢空重加额定载人重量×卷扬筒半径。按这个力矩、轿厢速度和加速度计算电动机功率。卷扬式电梯电机功率大,负荷变化大,功率因数低;其他弱点是轿厢下降时的势能释放难以回收,通常由机械制动和电气能耗制动控制下降,大量势能浪费于发热。更可怕的是运行中停电故障同时刹车又失灵的万一情况,轿厢成为自由落体,以近乎 9.81 米/秒^2 的加速度下坠。这是它的致命伤。曾经发生过的严重事故使卷扬式电梯发明不久便停止使用。

(七) 曳引式电梯

曳引式是卷扬式的改进版,不靠卷扬筒而靠曳引轮转动,曳引轮槽内钢丝绳拉轿厢升降。速度和提升高程很大,能满足高层需要。从图 7 可以看出,曳引轮上切有多条平行的环形槽,钢丝绳平行排列在槽中,每条绳的一端固定于轿厢,另一端固定于一个叫作"对重"的重物上。对重的重量在空轿厢和满载轿厢之间。对重有两个作用:一是它和轿厢的重力使钢丝绳嵌入轮槽,当曳引旋转,轮槽与钢丝绳间的摩擦力带动钢丝绳运动,绳拉轿厢上下;二是对重和轿厢分别在曳引轮轴的两边,它们对轴的力矩方向相反、大小接近。两个力矩之差很小,曳引电动机工作,除

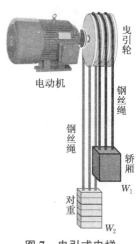

电动机

曳引轮

钢丝绳

钢丝绳

轿厢

W_1

对重

W_2

图7 曳引式电梯

供给系统的摩擦与机电能量损耗,只需克服这个力矩差,所以电动机功率要比同等起重的卷扬式小很多。

我国曳引梯对重 W_1 的计算式是:$W_1 = W_0 + Q/2$,式中 W_0 为空轿厢重,Q 为额定载重。对于 $W_0 = 1$ 吨,定员 20 人的曳引梯,即使满载自由下坠,依动力学理论算出加速度 = 1.73 米/秒^2,不到卷扬梯的 1/5(注:人均重量按 75 kgf 算)。

二、 高层电梯的选择

我们已经粗略比较了所举的七类电梯,液压梯最平稳舒适,也很安全,但是速度低,工作层高少;齿轮梯、链式梯、螺杆梯低效、噪音大、耗能大、安全欠佳;自动扶梯速度过低、能量浪费大、占用空间太大。这五类都应从高层电梯候选名单中除掉。剩下卷扬式梯和曳引式梯两者比较,曳引式电梯更安全和节能,应为最佳选项。当今高层楼宇,几乎是清一色的曳引式电梯。

曳引式电梯可满足本文对高层电梯的四个要求:

安全。对重的设置降低了轿厢万一自由坠落的速度;若再超速,限速器让驱动电机停转;若停不住,则机械安全钳夹紧导轨,强制轿厢停滞在导轨上;万一夹紧乏力,轿厢还缓速下滑,厢底最终会撞上井底缓冲器而停止,对乘员无大的冲击。机械电气的多重保险,保证了人的安全。

快速。曳引最大秒速可达 15 米以上,据称高 828 米的迪拜高楼,全程直达仅需 55 秒。没有超一分钟的等待感。

舒适。首先,电梯井导轨引导轿厢垂直运动,轿厢没有摆动和扭动;其次,轿厢的人为装修、照明、通风等尽量考虑人体工程学舒适的要求;第三也是最重要的一点,现代技术完全可以控制电梯升降加速度和速度,使之满足人体工程学的要求,乘客获得心理上和生理上的满足感和舒适感。因为上升加速度使人感到自重增加,下降加速度使人有失重感。这两种加速度过大都会使人不舒服。严重时有的人会出现惊慌、恶心、呕吐、心跳加速等情况。因此必须在人体工程学研究成果的基础上,从技术上实现让乘客感到舒适的加速度运行,这时电梯才是合用于高层的。这就是:采用已经成熟的电梯建筑安装技术;采用"永磁同步电动机无齿轮直接传动"的机电一体化技术、采用计算机/PLC 控制的 VVVF 传动。曳引式电梯达到智能化的程度,能够满足人感到舒适的速度曲线。图 8 是符合人体工程学要求的、实践已经证明是安全和舒适的、超高层高速电梯的、一个启停周期的速度/时间曲线 $V = f(T)$。现代机械和自动化技术完全有能力使曳引式电梯按这条曲线精准运行,乘客不会不适。交通工具中,加速度是乘客感到不舒适的主要原因。我们可能吃过惯性力的苦头:公共汽车的突然起动或刹车,我们感到突然受力后倾或者前倾,就是惯性力的作用。同样,若静止电梯突然以 9.81 m/s^2 加速度上升,体重 60 kg 的乘客会感到突然增加负重 60 kgf,定然非常难受。但若上升加速度只有 1 m/s^2,人只感到增重

6 kgf,轻松多了;若加速度只有 0.1 m/s²,增重就只 0.6 kgf,几乎没有负重感。所以采用变加速度,将加速度值从小到大逐渐增加,乘客的负重一点一点地加上,就不会有突然加重不适。试验证实,电梯上升时,从静止起始加速度不大于 0.3 m/s²,此后每隔 0.2 秒,将加速度值增值在 0.4~0.8 m/s² 间,如此增加到 3 m/s²,绝大多数人都没有任何不适。若加速度值增值为负,是局部失重过程,人有更大的适应力,每 0.2 秒降值为 1 m/s²,完全能够承受。

图 8　电梯运行曲线(图中字母表示平滑过渡点)

节能。首先,对重使得电动机功率选用趋于合理,抑制了设备容量的浪费。第二,电机直接驱动曳引轮,优点是省减速机、轻噪音、省设备重和省电。我们选择两台正在使用但是不同驱动方式的、同载重同秒速的曳引式电梯作一比较。从表 1 可以看出,直接驱动梯的曳引机重量,不到经由减速机驱动梯的 1/4;而电动机功率只有后者的 60%。这一巨大优势,为直接驱动开辟了广阔前景。第三,机电一体化的突破。曳引轮采用永磁同步电动机、变频变压(VVVF)驱动。第四,计算机数字控制。此外优化措施是:采用减少乘客等待的呼梯群呼系统(这属运筹控制,不属动力控制系统)、研究电磁制动释放的势能以电能方式反馈电网。

表 1　曳引式电梯比较

型　　号	额定载重	秒速	曳引轮驱动方式	曳引机重量	电动机功率
OTIS-17CT	1 000 kgf	1m	经减速机驱动	1 300 kgf	11 kW
WEB-10-1000	1 000 kgf	1m	电动机直接驱动	300 kgf	6.7 kW

三、 现行曳引式客梯工作示意图

图 9 示意曳引式电梯,按主要部件编号简介。

❶ 轿厢:载人载物。厢门朝向候梯间,便于乘客上下。

❷ 曳引轮:由电动机经减速机或直接驱动,传送曳引力矩。轮壳切有数道平行同轴环状槽,每个槽中钢丝绳两端分别固定轿厢和对重(可参见前图7)。曳引轮旋转,凹槽与绳之间的摩擦力带动钢丝绳上下运动,曳引轿厢升降。

❸ 钢丝绳:多条(图仅绘一条)并行置于曳引轮凹槽。

❹ 导向轮:用于将曳引轮钢丝绳导致对重。

❺ 对重:平衡轿厢的配重,铁或水泥块。

❻ 电缆:由动力电缆、控制电缆和通信电缆组成,分别给轿厢输送动力和照明电力、传送控制信息和通信信息。

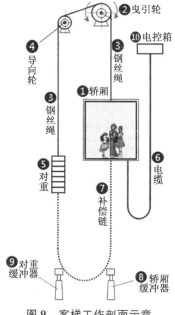

图9　客梯工作剖面示意

❼ 补偿链:消除运行中曳引轮两边钢丝绳量的变化对两边重力矩的影响。其单位长重量与曳引钢丝绳相同。为防链条摆动,下部也可加涨紧轮张紧链条。

❽ 轿厢缓冲器:是一组强力弹簧,用于客梯不正常坠底时吸收轿厢下坠的动能,减轻冲击,增加安全因素。有些电梯还设置有轿厢冲顶的缓冲装置。

❾ 对重缓冲器:与轿厢缓冲器作用相同,可类推。

❿ 电控箱:安放供配电设备、计算机、控制和通信设备等。

说明:图未绘导轨,也未绘机械测速—限速—安全钳部件。前者是两组安装在电梯井中的垂直轨道,引导轿厢和对重运动稳定;后者是与曳引绳同步运行的测速钢丝绳及其操纵件,可从机械角度抑制超速。

四、"可变对重全平衡曳引式电梯"的建议

曳引式电梯按公式 $W_2 = W_1 + kQ$ 选择的对重,对重重量固定不变,而轿厢侧总重却随乘客量频繁变化,使曳引系统两边力矩不平衡。曳引轴静力矩不等于0,能量不能充分利用,也暗藏安全隐患。若能实现运行中对重重量动态变化,始终保持与轿厢总重相等,可实现曳引轴静力矩恒等于0。这就是可变对重

全平衡的思想。

要求曳引轮运转的任何时刻,轿厢总重始终等于对重(即 $W_2 - W_1 \equiv 0$)。办法是将对重块改为内装颗粒状重物的对重罐。在电梯停车时刻,动态改变罐内颗粒物量,使满足 $W_2 - W_1 \equiv 0$。建议用铸铁或钢板制作对重罐;用直径 5 mm 的铸铁球或钢球作"配重球"。

可变对重曳引式电梯,示意绘于图 10。以下是对图所示电梯系统的大意说明。

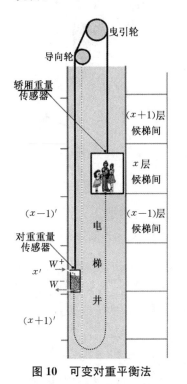

图 10　可变对重平衡法

设轿厢停在 x 层,对重罐停在相应的位置 x'。轿厢总重(空厢重 W_0 + 载客重)W_2 和对重总重(对重罐重量 + 配重球重量)W_1 通过各自的传感器送至电梯控制系统,控制系统计算出二者重量差 $W_d = W_2 - W_1$,依 W_d 的值,向在 x' 位的执行机构发送命令,增/减对重罐的配重球,改变对重罐总重以实现 $W_2 = W_1$ 执行机构得到 W_d 的值有三种情况:

❶ $W_d > 0$,执行机构将执行命令 W^+,向对重罐输注入重为 W_d 的配重球;

❷ $W_d < 0$,执行机构将执行命令 W^-,从对重罐取走重为 W_d 的配重球;

❸ $W_d = 0$,执行机构不动作。$W_d = 0$ 是电梯启动条件之一。

采取可变对重全平衡的曳引电梯,要增加土建、机械和自动控制工作量。这里牵涉到电梯井的结构,应该在井的对重一侧设置相应的配重球储存仓,每层一个;对重侧各层间设置一个配重球调节运送系统,调节各层配重球持有量的不平衡;在对重罐上设置电子秤、配重称重计、自动开启/关闭仓门装置。

相似地,电梯停留在其他各层,对重罐也一定停留在一个对应的位置。本图以电梯停在候梯间侧的 $x+1$ 层和 $x-1$ 层为例,对重罐应分别对应停在对重罐侧的 $(x+1)'$ 位置和 $(x-1)'$ 位置,它们总重的增减与在 x' 层操作一样,可类推。

这个系统的设计难点不在控制原理,而在执行机构的机械构造,以及执行机构的执行速度：必须在轿厢停止的数秒内完成对对重的改变。

五、 对重罐配重球的给/取

图 11 是给对重罐增减配重球机械示意图。

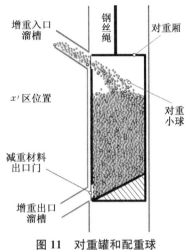

图 11　对重罐和配重球

罐体是空心金属容器，可装入平衡轿厢的专用配重球，罐体自重加配重球的重量就是对重总重。罐上部和下部分别有入口和出口，配重球可方便地从入口溜槽滑入、从出口流至出口溜槽。改变对重的总重，由装入/取出颗粒物量的多少来实现。显然，起始空罐重量应≤空轿厢重量。装入配重球后，对重罐总重 W_1 应满足 $W_2 \equiv W_1$。要实现这个恒等式，起始，令空罐重等于空厢重，曳引轮两边力矩平衡。在电梯运行过程，轿厢乘客量的变化会改变平衡，需调整对重以得到新的平衡。载客量变化发生在电梯停层时刻。这时对重罐也是停止的，自动执行机构便按程序，给对重罐加入或取出配重球，以保持曳引轮两边静力矩平衡。

若本建议可行，客梯电机功率和运行成本将再降，安全将提高一个数量级。

六、 本文结论

从安全、舒适、迅速、节能四个方面考虑，直接传动的、平衡式曳引电梯即："永磁同步电动机无齿轮直接传动"的机电一体化电梯技术是目前高层电梯的最佳选择。

本文建议我国有人研究"**可变对重全平衡曳引式电梯**"，变中国制造为"中国创造"或"中国智造"。

把太阳能用得更好些

一、 能源的新需求和太阳能

今天的能源支柱——石油、煤等化石燃料接近枯竭,有人估计按目前开采速度,还可开采的年份是:石油 41 年,天然气 60 年,煤炭 230 年;非化石燃料的铀 73 年。尽管不同专家估计略有差别,但却一致认同矿物能源即将采尽。能源快断档,这是能源危机。化石燃料排放二氧化碳等温室气体,使地球变暖,破坏生态,这是环境危机。

为化解能源危机,人类应当寻求取之不尽的可再生能源。为应对环境危机,人类应当找到不产生温室气体、不污染环境的清洁能源。太阳能、水力能、风能、核聚变能、地热、潮汐能等是化石燃料以外的能源。其中与我们最贴近的要数太阳能,它原本就是人类最先认识与最先利用的能源。

太阳是距地球 1.5 亿千米的恒星,直径约 12.7 万千米。地球是绕太阳公转又同时自转的行星。亿万年来,太阳以恒定功率向地球辐射近似为圆柱的光能,图 1 所示这一束正截面面积 1.2 亿千米^2、辐射至地球的圆柱形电磁辐射光柱,它的功率为太阳总辐射功率的 22 亿分之一,达 173 万亿 kW。光柱截面上单位面积的辐射功率为太阳常数 S_0(S_0=173 万亿 kW/ 1.2 亿(千米)$^2 \approx$1.36 kW/m^2)。太阳

图1 太阳辐射

给地球的全部能量,都从这根光柱传来,已经延续了 43 亿年。

太阳常数折算到地表,平均 1 m^2 约 0.34 kW,分布极不均匀,两极地区 1 m^2 只有几瓦,而热带和温带一些高原和沙漠地区,最大达 7 kW。如果用太阳辐射给地球功率的 1‰发电,相当于今天全球总功率消耗的 200 倍! 太阳能的潜力

是多么巨大！

　　触手可及的、平凡而又神圣的太阳能，人类每分每秒都享受着它的恩惠。且看我们怎样把它用得更好些。

二、太阳能热水器

　　将太阳辐射转化为热能，最简单的设备是太阳能热水器。图2所示安装在乡村屋顶的热水器，一排吸热管对着阳光，辐射直接加热管中水，能量利用率高，一次投资长期获利，颇受民众欢迎。目前生产的太阳能热水器多数为真空管式，少数为平板式，后者性能较好，价格也贵些。预言将来的高效太阳能热水器，阴雨日也可产热水，热泵热水器便是一种。

图2　乡村屋顶上太阳能热水器

（一）真空管式太阳能热水器

　　真空管式太阳能热水器的核心部件是真空吸热管。吸热管与保温瓶内胆原理相似，为双层玻璃结构，层间抽成真空，杜绝热对流。管外层透明，内层朝真空一面涂有黑色吸收电磁波涂料。当阳光照射，电磁辐射透过管的外层玻璃射到内层黑色吸热涂层，电磁波被吸收，转化为热能。由于真空夹层中没有空

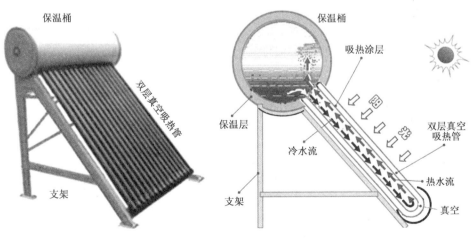

图3a　真空管式热水器外形　　　　图3b　真空吸热管原理示意

气,内外层间没有对流传热将热再散发到大气中去,大量的热能便透过内层玻璃传导,首先将管内靠近阳光一面的冷水加热。热水比重比冷水小,在管上层顺着箭头方向流向保温水桶上层,而水桶下层冷水比重较大,顺箭头流入吸热管下层。这个过程不断进行,桶内水也就不断升温。我国国家标准热水器温度可超过 60 ℃。桶外的保温层将热水保温,由软管引出使用。

目前用量最大的太阳能热水器多为真空管式,其主要优点是:①价格不贵,包括安装费在内,中等容积供五口之家用热水器每台的平均价格相当于一个中低收入的成人一个月的工资;②长期供应热水,不耗燃料且环保;③基本无需维护,一次投资,长期受益;④使用寿命长,目前使用 25 年的热水器大部分仍在使用;⑤不占用居住面积。这是在江南地区调查的结果,仅供参考。

(二)平板式太阳能热水器

热交换平板式太阳能热水器的吸热装置主体分为四层:朝阳面第一层是真空双层光学玻璃罩;下一层的金属导热板朝阳面为黑色吸热层,反面加工有蛇形槽,放置蛇形管;再下层是金属蛇形管,与导热板的蛇形槽密合;最下层为保温层,防止蛇形管向外散热。当阳光照射,导热板吸热传给蛇形管中热膨胀系数大的合成油,利用高温油比重小的原理,热油从蛇形管出发在封闭管路中循环。管路中设有油热胀缓冲室,贮存热油增加的体积。热油流经热交换水箱铜质热交换管加热冷水。此型热水器比直接热水的平板热水器

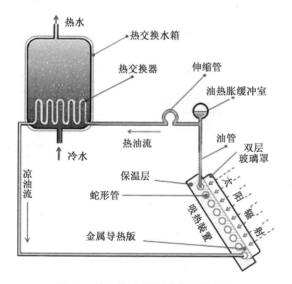

图 4a　热交换式平板热水器示意　　图 4b　吸热装置内的蛇形管

优越:油介质可工作在－40～＋200 ℃,管内无冰冻和结垢,使用寿命长。合成油热胀系数比水大很多,故循环流速快很多,从而热效高。另外,间接加热水更卫生。

传热介质除了用油,也可用安全环保、高膨胀系数的其他液体。

国家重视太阳能热水器,制定了国家标准《民用建筑太阳能热水系统应用技术规范》(GB50364-2005),规定太阳能热水器的生产要求,并提出指导性安装意见:建议吸热面与水平面夹角与当地纬度一致(因为阳光直射赤道,我国在斜射区域)。又建议若热水器侧重夏季使用,夹角宜为当地纬度减 10°;若侧重冬季使用,夹角宜为当地纬度加 10°(这是考虑了地球自转平面——赤道和绕太阳公转的平面——黄道的交角为 26°,用三角学计算出来的)。

我国是太阳能热水器生产大国和使用大国,据报道,近年年产太阳能热水器1 500万 m²,产值 150 多亿元。有人算过:我国 3 亿多个家庭,如果有 1/5 的家庭原来是用电力烧水,改由太阳能热水器供热水,一年可以节电 1 600 亿 kWh,节约电费 800 亿元,减排 8 000 万吨二氧化碳。据统计,我国现在住宅的太阳能热水器仅有约 2.3 亿 m²,人均 0.084 m²。太阳能热水器很有发展潜力。

三、 太阳灶和太阳炉

又一种将太阳辐射转化为热能的简单装置是太阳灶。太阳灶有箱式、透镜聚光式、反射聚光式、热熔盐式等。图 5 所示为进入实用阶段的、正在我国西部农牧区推广的反射聚光式太阳能灶。

聚光式太阳灶的原理简单,一面抛物面凹镜加上简单机件构成,镜子将近似平行光线的阳光反射聚焦。聚焦区设置一个水平炊具架,上置炊具。在有足够阳光的时段,聚焦区最高温度可达800 ℃,便能实现灶具的功能,如烧水、煮饭、炒菜等。聚焦镜背面刷黑色以减少辐射能损失,镜下设调节镜子偏角的机构,由齿轮、杠杆组成,由人工摇手或自动(通过电机和控制器)调准阳光最佳方向。

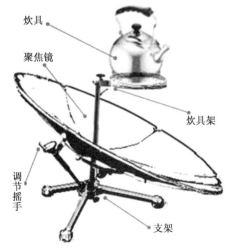

图 5　反射聚光太阳灶

国内有不少厂家生产太阳灶,商品太阳灶镜面多数为圆形和蝶形,主体是钢板制作的抛物面,面上贴上一层反射系数大的镀铝膜,圆形太阳灶直径在1.2～1.8 m,其中以1.5 m产品居多。太阳灶的功率随时间、季节和天气波动大,在1.2～3 kW。晴朗的夏日,1.5 m太阳灶最大功率可达3 kW,铝质水壶烧开3升水约需11分钟;冬季不大于2 kW,同样烧开3升水需22分钟。

上述太阳灶的缺点是功率波动大,晚上和阴天不能工作。有人提出以热熔盐作介质的太阳灶,热能贮存于无机盐,可以不受天气影响,图6示意一种热熔盐太阳灶原理。混合硝酸盐装在熔盐加热管,在抛物镜面瓦中加热到约500 ℃。液化后硝酸盐比重小,顺着循环管路上升至熔盐贮罐,贮罐为炊事炉盘提供高温盐液,炊后余热为热水罐供热。消耗了热能、温度降低的盐液顺管路流回加热管。这类太阳灶是全天候的,受天气影响极小,可按当地天气和用户需求设计聚焦系统和熔盐贮罐。热熔盐太阳灶是具有战略价值的设想,目前我国没有产品问世。

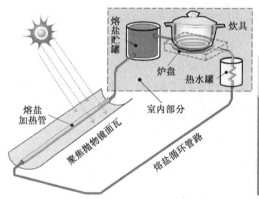

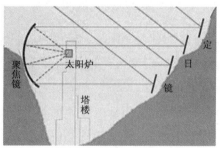

图6 热熔盐太阳灶原理示意　　　　图7 高塔式太阳炉原理示意

太阳炉也使用光热聚焦,主要目的是获得3000 ℃乃至更甚高温,用于制氢、冶炼或熔化高熔点物质。太阳炉的高温是"纯洁"的,无燃料污染,不用坩埚,完全避免杂质对冶炼的干扰,适合单晶硅精炼等。小型太阳炉以抛物面直接聚焦,大型者建为高塔式,由若干平面或凹面定日镜将阳光反射至聚光镜,聚光镜再聚焦至太阳炉。太阳炉需要洁净而巨大的空间,多数建在日照环境好的高山。法国南部的比利牛斯山、乌兹别克斯坦、我国宁夏惠安堡镇,都建有冶炼和科研的大功率太阳炉。

我国利用太阳炉高温制氢和精炼硅晶体，已取得成效。

四、太阳能光伏发电

阳光电磁辐射直接变成电能的"光生伏特"现象，早由法国学者在 1839 年发现：某些半导体物质在光照下，不同部位之间出现电位差。当时没有确切的理论解释。1954 年美国贝尔实验室首次制出第一个半导体光电池，证实太阳能可以直接发电。经几十年研究改进，光伏电池逐步成熟，技术进入实用阶段。

以太阳能发电解决电能短缺，是近代才开始的。化石能源即将告罄和环境污染，严重的碳排放让光伏发电走上历史舞台。太阳能无处不在，电池直接产生电流，再以蓄电池储存，构成了一个独立的微型电力系统，供家庭、车船、路灯、海岛、航标、哨所等小功率用电，不需很长线路，不限地域（例如沙漠、高山、海面）；没有机械部件，可以小规模也可以大型化；电压低，与 LED 照明配合有很高的照明效率；配合风力发电，为我国高原地区能源开发独辟蹊径。

太阳能发电的缺点是：①太阳辐射强度随季节、阴晴及阳光入射角的变化，使光伏电池电压波动很大，要增加一套自动控制系统以适应这一波动。光伏发电难以高效利用每个时段的太阳能，能量利用效率最高仅 15％ 左右；②光伏系统设备制造和电池报废时，对环境有污染；③系统若有交流用户，必须安装变流装置；④一次投入成本较高，与获得同等功率的太阳能热水器相比，光伏转换的

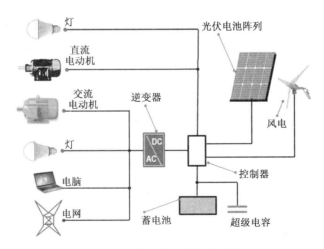

图 8　光伏＋风电的发电系统

投资是前者的 10 倍以上。购置 1 千瓦太阳能热水器需 2 000 元,而装备一套 1 千瓦的光伏发电设备投资至少要 2 万元。

硅光伏材料弱光发电能力很差。而其他光发电材料,如碲化镉薄膜电池弱光发电能力比硅光伏电池强得多,与太阳光谱能很好地匹配,可吸收 95% 以上的太阳光,是很有前途的太阳能电池材料,我国正在开发。

图 8 示意了太阳能光伏配合风力发电的系统。

五、 光热聚焦发电

几何光学的理论已经十分成熟,人们早就用其原理将阳光聚焦获取能量。每届奥运会的第一支火炬,就是在希腊用阳光下凹面镜聚焦点燃的。我们由此联想用太阳能聚焦发电。目前人类建成有三大类聚焦发电站。

(一) 塔式热聚焦发电

图 9 示意某型太阳能光热聚焦发电站反射镜群(也有他型结构,如反射镜环形布置)。反射阳光的平面镜或凹面镜将阳光聚焦至发电塔上的集热器,集热加热太阳能锅炉,将水加热达 500 ℃,得到过热高压蒸汽,驱动汽轮发电机。此后的电力生产过程就和火电厂完全一样了。塔式热聚焦发电过程简单,但在阳光不足的阴天和晚上不能发电,必须使用补充燃料如天然气或重油,在无阳或阳光不足时加热锅炉维持发电的连续性。这是它的主要缺点。

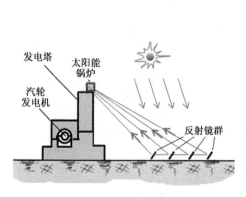
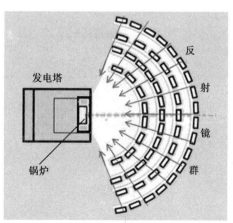

a. 侧剖视图 b. 俯视图

图 9 塔式热聚焦发电

（二）蝶式热聚焦发电

热聚焦蝶式凹面镜直径多为 $10\sim15$ m，发电功率为 $10\sim25$ kW，焦点温度 750 ℃，热能让斯特林机工质做功，曲轴驱动发电机，图 10 示意自动对焦的蝶式发电模块。在输入工作地纬度和调准日历时钟后，调节机构由控制器实现开环控制，准确聚集。这种模块可作海岛和边远地区的轻型电站。也可多碟组合。蝶式发电占地小、上马快、高效。在不便联网的地区，可用直流发电机配蓄电池贮能。

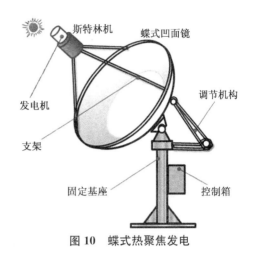

图 10　蝶式热聚焦发电

（三）槽式热聚焦发电

本法以"工质"蓄热，工质间接加热锅炉获得高压蒸汽。图 11 是抛物面槽形反射镜聚焦发电方式的原理。在断面为聚焦抛物线的很长的反射槽焦点线放置金属管，管中充满传热工质（通常是混合油或无机盐，如混合硝酸盐），工质被聚焦加热后，经阀、泵送往锅炉，途经保温良好的贮罐缓冲贮存，作无阳时热源。循环管路中的液态熔盐间接加热火管锅炉，获得 $450\sim500$ ℃、$4\sim5$ MPa 的过热蒸汽，驱动汽轮机发电。熔盐的贮热，可实现阴天和夜间连续发电。

除上述三类，透镜聚焦 500 kW 示范发电，也在我国海南建成。不用槽式聚

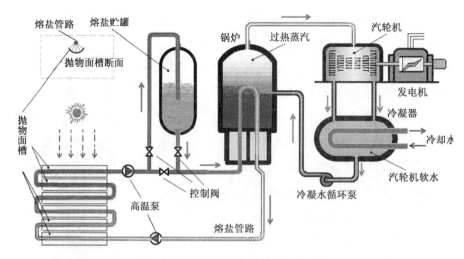

图 11 抛物面槽聚焦热发电解决方案

焦和盐介质,而用菲涅尔透镜聚焦和介质油。

太阳能热聚焦(下简称光热)发电没有碳排放;热/电转换效率接近 50%。大型塔式、槽式和菲涅尔式光热蒸汽发电过程,与技术成熟的火电无异,可从发电机获数万伏三相交流电,不像光伏发电需多重串并联以及变流变压,所以适合大规模生产,技术经济指标高。光热发电技术铆足了劲,与时俱进。

光热发电须有与发电功率匹配的取光面积。10 万 kW 的电站,要配置 15 万米² 的反射镜,计及支架和镜间空隙,共需占地 2 千米²,加辅助设施,总计约 2.5 千米²。所幸光热电站多在沙漠和降水极少区域,利用没有人烟的荒漠,把雨量充沛的沃土留给人类。光热电站可能的负面影响是对鸟类的伤害:飞鸟会误将镜面当成水域,冲向反射镜而死亡。这是人类必须解决的。

六、 热泵

水自动从高处流向低处,热自动由高温物体传递到低温物体,这是自然规律。人们也可以耗费能量,用水泵将水从低水位处抽到高水位处,为生活或灌溉之用。与抽水相比较,有没有一种"热泵"能够将低温处的热,例如地球浅表(零到数百米深度)被太阳加热的水或土壤中的热,"抽"到某处利用呢?

答案是肯定的,的确有这样的泵。19 世纪物理学家早就论证过,现代人做到了。基于"逆卡诺循环"原理,用一定的能量,把某处的热能转移到另外的地方,使其温度升高。仿效水泵的名称,有人将这种能够转移热能的机构称为"热泵",将贮存于某处(例如贮存于浅层地表)的太阳热能"抽"到需要的地方,为取暖、烧水等服务,抽取地表热的"泵",称为地源热泵。照此,抽取水中、空气中热量的"泵",可以称之为水源热泵、空气源热泵。

LINK 知识链接:逆卡诺循环

理想气体的理论和实践都表明:一定量的气体,其压强 P、体积 V 和温度 T(用热力学温标 K 标示)存在如下状态方程:

$$PV=RT$$

(式中 R 为比例常数,依赖于 P、V、T 的物理单位,当气体量为 1 mol 在 SI 单位制,$R \approx 8.31$ Pa·m³/K)

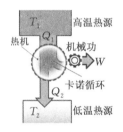
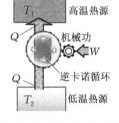

a. 热机在二热源之间做功 W　　b. 热泵从低温热源取热至高温热源

附图　卡诺循环与逆卡诺循环

法国学者卡诺眼据理想气体状态方程,研究蒸汽机(热机)做功,归纳为等温膨胀、绝热膨胀、等温压缩和绝热压缩四个物理过程,蒸汽机在工作中不断循环经历这四个过程。高压蒸汽将高温热源的热量传递给低温热源,同时做机械功,这是热能做功的卡诺循环。反之若付出机械功,将上述四个物理过程反向进行,通过一定的中间介质(如氨、CO_2、氟利昂等)和技术机械(压缩机、冷凝器、蒸发器和节流膨胀阀等)工作,机械能可以将热量从低温处转移到高温处。以机械功将热从低温处"抽"到高温处,这就是"热泵",由英国科学家开尔文首先设计实现。这个过程与卡诺循环的方向相反,即逆卡诺循环。

上附图示意绘出了卡诺循环和逆卡诺循环中能量状况。图中 Q、Q_1、Q_2 示热能;T_1、T_2 分别是高温热源和低温热源的温度($T_1 > T_2$);W 表示机械功;箭头示能量转移方向。

据热力学第二定律,热从低温物体转移到高温物体,必须付出能量。从能量不灭与守恒定律可知,获得热能是需要做功的。依此,为了获得热,我们花费能量把低温物体上的热转移到高温物体,例如在冬季,用电把地底下蕴藏的太阳热能"抽"上来取暖。有人问:既然要用电"抽"热,何不直接用电取暖?殊不知,以少量的电"抽"热,能够获得 3~5 倍于电能的热能。从能量守恒:设某房间加热每升温 1 ℃需要 1 份能量,例如冬季该房自然温度是 5 ℃,现在要求加热到 21 ℃,则需外加 16 份能量。但是若房间温度有 17 ℃,则加热到 21 ℃只需再加 4 份能量就够了。热泵就是这样,只付出 4 份外加能量,从地源"抽"17 份热,便将这房间提温到 21 ℃。达到同样的加热目的,热泵耗能只有电炉直热耗能的 1/4。能量来源是热容量巨大的地表贮存的太阳能。

图 12 是热泵简要原理。图 12a 解释冬季取暖。这是一个循环闭合管路。管路中充有沸点很低的液态"工质"(如氨、氟利昂),在常温常压蒸发为气态置于管路。当被压缩机压缩,迅速升温(气体压缩升温是物理现象。我们给自行车打气时,被气筒压缩的空气发热。使劲打几分钟,气筒会热得烫手)。高温高压的工质气体进入 A 区蛇形管冷凝器,将热传给周围空气或水,实现取暖。在冷凝器降了温的高压工质,成为液体流向至膨胀阀。从阀小孔射入 B 区空间,工质膨胀而气化,按物理规律,温度立刻大降。在 B 区蛇形管,降温了的冷工质气体与约 16 ℃的地下水在蒸发器进行热交换,得到热量温升至接近水温。而水循环系统总热容量大,只有极小降温。工质气体继续按箭头行进到达压缩机,重复刚才过程。

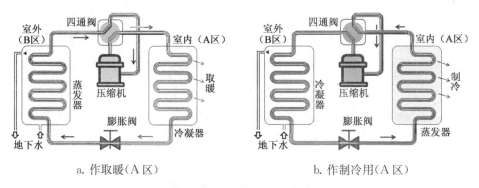

图 12　地源热泵简要原理图(管路旁箭头示工质流动方向)

将图 12a 的四通阀旋转 90°,就得到制冷的图 12b,夏季 A 区需要冷气。这次被压缩的工质首先是进入 B 区蛇形管,仿效图 12a(但工质流动方向相反)分析:高温高压工质在冷凝器热交换,热量被水带入地下,而被冷却液化了的工质射入 A 区蛇形管蒸发器,膨胀、气化迅速降温,风将冷气吹向用户,达到制冷。

图 12 仅是原理示意,没有绘地下低温热源管路。也没有表示空调系统众多元件如阀、测控设备等。低温热源有多样:江河湖海或地下水;大气;污水、工业废水废气;土壤、山洞,也可以将水管埋入地层一定深度以循环水获取地热(图 13)。

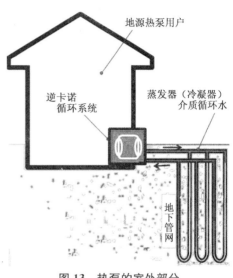

图 13　热泵的室外部分

值得提醒的是,以热泵获取热能,绝非第二类永动机。热泵用的是科学原理,将存于低温热源的热能取用点滴,这些能量本是太阳长期辐射贮存的,不是热泵的"创造"。

热泵作为采暖和制冷设施而发明,是热力学应用的成功创举。除了节能,热泵系统没有烟尘,碳排放极少,有利于环保。1912 年瑞士成功安装一套以河水作为低温热源的、世界上第一套热泵供暖系统。此后中北欧的奥地利、德国、丹麦等国陆续安装热泵采暖系统;美国则兼作冬采暖、夏制冷的设施,节能环保效果显著。我国与美国气候相近,也拟发展制热制冷兼备。近年以北京为首的众多地区正在推行,涌现了地源、空气源、水源热泵设计施工企业近百家。

热泵实现热量从冷端向热端的转移,衡量其效能用性能系数 COP。系数定义为:热能由低温物体传送到高温物体获得的能量值与消耗的能量值之比。通常 COP 为 3~4,即消耗 1 kWh 电能,可以将 3~4 kWh 热能从低温物体转移到高温物体,这是一个了不起的数字。欧美和日本都在竞相开发这种新型热泵。据报道,新型热泵的 COP 可高达 6~8。如果这是真的,意味着这项太阳能利用技术的前途非常令人鼓舞。

七、 太阳能的间接利用——生物贮能

太阳是能量的源泉。地球和太阳系其他行星一样,接受太阳能的恩惠。太

阳能在地球的储存,我们知道的主要有:

(1) 远古以来蕴藏的化石能源(煤、石油、天然气、可燃冰等);

(2) 自古至今永不停息辐射地球表层(地上地下水体、岩土)的热能;

(3) 水位能,风能,海洋温差能、海浪能、潮汐(潮汐主要部分源于月球)能;

(4) 现在活体生物体内的有机营养物质。

生物能首推绿色植物贮能——将阳光能变为化学能。在阳光和叶绿素共同作用(光合作用)下,空气中的二氧化碳、土壤中的水和养料被转化为植物体内的碳水化合物,这些生化物资在太阳能作用下形成,意味着太阳能被贮存。植物燃烧得到光能和热能,可以看成太阳能的再现,理解为太阳能的间接利用。简单的无机物在绿叶"化工厂"加工,便把 1.5 亿千米之遥辐射来的太阳能,贮存在复杂的有机物如糖类、核酸、蛋白质、脂肪之中。

植物体和种子内贮存的生化能,其源泉就是太阳,延续了 43 亿年的光辐射,造就了地球的植物生化能,植物生化能又为动物提供体能;植物、动物的活体和尸体都为微生物提供食物。这就是说,植物、动物和微生物都是贮存太阳能的仓库。这个仓库千百万年来为人类源源不断提供能量。

动物和微生物也和高等植物一样,参与太阳能的贮存。化石燃料如煤炭、石油、天然气等,都源于亿万年前的生物残骸。近水的微生物或动植物残骸,经过地壳剧烈运动,逐渐深埋地底,在细菌分解及长期高压高温的作用下,发生化学变化而形成复杂高能碳氢化合物的化石燃料,蕴藏着巨大的能量。

多数油料作物以种子榨油。木本油料作物如油桐、油棕、油橄榄、油茶等。草本油料作物的就更多了,其中有高产且出油率高的油菜,大豆是制造生物柴油的主要原料。此外,蓖麻子、亚麻仁、棉籽都可以加工为生物柴油,加工成本很低,燃烧值与柴油相当,是替代矿油的理想品。

植物含有有机能量,有人把含能量高的作物称为"能源作物"也是可以的。

酒精是一种优良的内燃机燃料。所有的粮食、薯类都可以提炼酒精,有的作物提炼量高,应该理解为它们吸收太阳能的能力强。甜高粱是颇受关注的一种能源作物,我国也进行了种植,每亩"沈农甜杂 2 号"甜高粱,收获后可提取 200 多升酒精。酒精的能量密度虽然比汽油、煤油和柴油都低些,但它对环境的污染也远比汽油等化石燃料低,应该是可以替代汽柴油的理想燃料。

20 世纪 70 年代以来,人们对能源植物进行了广泛研究,不断探寻光合作用强、效率高、转化简便的品种。饲养动物获取肉食、奶品和油脂;人们使用树脂、虫蜡和植物蜡、动物的油脂如鲸鱼油、牛油等作高级燃料；人们还研究培育微生物，以生物方法制取能源物质（如氢）。追根究源，这一切都是贮存在生物体内的太阳能的间接利用。

还有一种生物能的利用，少见科学界的研究，这就是畜力的利用。

自古以来，人们饲养牲畜为人做事，牛耕田马拉车，直到今天也没有完全废止。我们中很多人在影视节目中见过，因纽特人坐在雪橇上，一群忠实的爱斯基摩犬，拉着雪橇在雪原上飞奔……你有没有想过，这是太阳能的间接利用啊！其实，拉车代步和劳作的何止是牛、马和狗，麋鹿、马鹿、牦牛、驴、骆驼、骡子和鹰都被驯化过，为人类服过劳役或者还在继续服劳役中。从马拉车的启示，可不可以推广驯化海豚甚至鲨鱼拉船：大海中，一群被豢养的海豚拉着一艘快艇乘风破浪……谁说这仅仅是科幻小说才有的呢？

生物能——间接的太阳能的利用还有很大的空间。

一切皆有可能。

如同贮存太阳能的仓库，生物体永远是人类利用太阳能的重要途径。

八、 怎样把太阳能用得最好

太阳能的主要应用已经粗略讨论了，怎样把太阳能利用的事儿办得更好些呢？在各种条件下，我们有如下建议：

（1）没有任何设施的情况下，按老祖宗留下的习惯利用太阳能：取暖、晒衣被、干燥谷物、晒盐、加热花房、烘烤、杀菌……

（2）仅仅需要廉价热水，用太阳能热水器，其中平板式热水器效率高。

（3）在多阳少雨的地区，小家小户用环保炉灶，太阳灶最合适。野外作业人员，置太阳灶，它是常备开水和炊事的安全热源。

（4）科学技术需要的纯净而无干扰的高温，如高温水蒸气制氢、难熔物的熔化、高温制单晶硅等，太阳炉取得的高温非常合适。

（5）与风能互补发电的太阳能独立路灯小系统，以光伏电池最好。

（6）有资金建设大型电站，在阳光充足的地区发展光热聚焦的熔盐电站，光能利用高效，有可能获得最佳效果。

（7）山区光热电站，中型多碟组合或多菲涅尔镜组合最理想。

（8）海岛、偏远山村的独立小电站，碟式光热聚焦发电模块或菲涅尔式光热聚焦发电模块是最佳选择。

图14 山区居民独立碟式光热发电布置

（9）有条件的别墅、酒店、工厂、江河湖海附近的建筑，最好用地源热泵、空气源热泵、水源热泵获取地表浅层、水体、工厂废水废气贮存的太阳能和其他热能，作冬取暖夏乘凉和全天候热水系统，可以实现事半功倍的节能和环保。

⑩ 一切可以种植的闲置土地，尽量多种植能源植物。

怎样把太阳能用得最好，不是有简单结论的话题。太阳能在地表已存在亿万年，保守估计，1 千米以内的浅层地表贮存的太阳热能，是如今人类一年使用总能量的 500 倍。这是个多么巨大的量。热力学第二定律告诉我们，这些热能是可以做功的。只要我们付出一定的初始能量（例如电能），就可以用"热泵"从地表"抽出"数倍于所付初始能量的热能。这个热泵就是"逆卡诺循环"运作系统。实践证明：1 焦耳电能可抽出 4～5 焦耳甚至 7～8 焦耳的热能，这个买卖很划算。如果把"抽"上来的、几倍于初始电能的地源热能发电（低温热源以低沸点工质——如氨、二氧化碳、氟利昂等——驱动热机发电），一定可得到大于初始电能的电能，可以驱动更大的热泵，获得更大热能发电……依此继续去，实现良性循环获得很大的电能（图 15）。

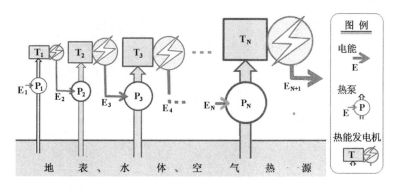

图15 多级热泵太阳能发电系统（$E_{N+1} > E_N > \cdots > E_4 > E_3 > E_2 > E_1$）

图 15 左边初始电能 E_1 驱动热泵 P_1，据上分析，抽出热能 T_1 能量值远大于 E_1，所以热能 T_1 发电所得电能 $E_2 > E_1$，以 E_2 驱动更大的热泵 P_2，得 $E_3 > E_2$，……即使每次抽取热能仅为前一级电能的 4 倍，在热发电效率 50%、初始功率 $E_1 = 10\ kW$、$N = 10$ 的情况下，最终热能发电功率也超 1 万 kW（下表）。

多级热泵良性循环的电能增值

热　　泵	P_1	P_2	P_3	P_4	P_5	P_6	P_7	P_8	P_9	P_{10}
发电（kW）	20	40	80	160	320	640	1 280	2 560	5 120	10 240

　　这个良性增长的发电系统很合算，理论无问题，用的是太阳贮存的巨大地热能，永不枯竭。实现这个系统，工程和技术上有太多的工作：开辟深层、大面积、工程浩大的长久稳定的地表、水、空气热源，制造大型热泵和低温发电系统。人有能力完成多级热泵发电系统，把太阳能用得最好。

怎样更好地贮存能量

煤、石油、天然气等化石能源可以贮存,易携带,特别是汽油,能量密度达 13 kWh/kg,在海陆交通、军事、航空航天等移动设施上,使用十分方便。这些化石能源对环境污染大,来源即将枯竭,必将被可再生的太阳能、水力能、风能等清洁能源(可能还有核能)取代。清洁能源怎样贮存携带像汽油那样使用便当?成了当代热门课题。

一、 能量贮存的当代需求

因为有需求,新能源能量的贮存研究进入科技界的工作日程。举电动汽车为例,它的优异机械性能和驾驶控制性能,远超汽柴油车,但由于缺少高能量密度的可携带电源,在与汽柴油车的竞争中还没有取得决定性的胜利。目前最好的电动车动力电源蓄电池,其"质量能量密度"(每单位质量电池能提供的能量值),不到同质量汽油的 2%。普通汽油轿车若带 100 kg 的汽油燃料,能续航约 1 400 千米。而能量利用率为汽油车 3 倍的电动车,一口气行驶同样路程必须带 1.7 吨蓄电池上路,这是不现实的。目前的情况是,纯电动车携带电池 350 kg 左右,续航里程 240 千米上下,确实十分不尽人意。这也正是人们努力研究贮能方法的原因。

除电动车,很多其他场合也需要贮能。电网需在低谷贮存电能备高峰使用;太阳能发电需要设置能量缓冲器贮能。舰船和飞机等运动设备都有贮能的需求。

二、 用"势"贮能

以"势"贮存能量是古老、最直观、最好理解的技术。升得很高的重锤从高处落下,在地面砸出一个坑,说明高处的重物贮存了能量。质量 m 的物体,距地面 h 高处,对地面的势能为 mgh,达到地面时动能是 $mv^2/2$。水力发电就是将高位水坝的水引流到低处,势能转化为动能,带动水轮发电机发电。在电网附近的高山旁,修建蓄能电站,在用电低谷时将电网多余电能抽水到上水库,转换为势能贮存,用电高峰时以贮水势能发电,电能送还电网。图 1 示出这电站的原理。电站由上水库、下水库和抽水/发电系统组成。这里,抽水的电动机和发电的发电机是同一个设备;抽水泵和驱动发电机的水轮机也是同一设备。在夜晚用电低谷,将电网电力驱动电机带动水泵(即水轮机),把下水库的水抽入上水库,贮存势能。在用电高峰,打开水闸,上水库的水流向下水库推动水

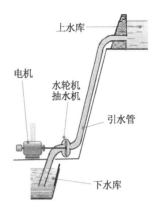

图 1　抽水蓄能电站示意

轮机发电输入电网,势能转化为动能再转化为电能。这种"调峰"电站,我国已经建成数十座,其中广东大亚湾调峰电站功率 240 万千瓦,为亚洲最大。以势贮能能量密度低,贮存 1 度电需要将 3.6 吨水抽上 100 米高程。

　　弹簧贮能也属以"势"贮能,外力作用下,固体的形状发生改变,在弹性限度内满足胡克定律,即形变量和所加的外力大小成正比。利用胡克定律,加外力做功使物体(例如弹簧)变形,并设法使变形保持。当外力撤销,物体将释放所贮能量,恢复原形(按胡克定律,外力=0,形变=0)。释放能量的过程就是物体向外做功的过程。弓箭是弹性贮能的典型例子:满弦时箭在弦上,势能贮存;射手一松手,弓弦飞速复原射出箭,势能释放转化为动能。发条玩具和机械钟表,动力是上紧的发条或升高的重锤,是以势贮能。

　　压缩气体贮能在工业上有很大用途。工厂的动力部门,以空压机将常压空气压缩至 1/6～1/7 体积,置高压球罐贮存。以管道输送,推动阀门、气缸和风动工具如风镐、风钻等。压缩气体贮能与弹簧的势贮能相仿,气体的压强与体积成反比。虽然与胡克定律有点相似,但不能用胡克定律计算。由于气体的个性,必须用解释"理想气体"的波义耳-马略特-查理定律处理。压缩气体属物理贮能,利用气体软特性作动力源,原理简单。气动设备比电动设备轻巧、安全、调速方便。但普通压缩空气的能量密度低,不宜携带以驱动车辆。理想气体理论可以压缩到能量密度极大,但实际气体不可能,高压时实际气体根本不按理想气体的规则循规蹈矩地变化,它们做不到高压高能量密度贮能。

三、　以热贮能

　　热是分子运动,分子内能在宏观上体现为"热"。看看家用的热水瓶,我们

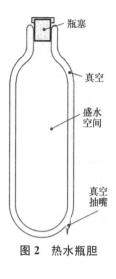

图2　热水瓶胆

就大致理解热能的贮存是怎么回事了：盛热水的瓶胆有双层玻璃外壳，层间镀铝并抽成真空，阻止瓶内储存的热量通过传递、对流和辐射传向外部空气（图2）。

热能贮存，古人早知道。《诗经·豳风·七月》"二之日凿冰冲冲，三之日纳于凌阴"，写古人在夏历十二月凿取冰块，正月将冰块藏入冰窖备用。贮存低温物质也是贮存热能的一种形式。我国北方民间有冬季存冰夏季使用的搞法。有人提出果蔬保鲜库的设计，在隔热良好的保鲜库中置冷水池。冬季，风机把低温冷空气抽入，将几千吨水转化为冰，转化过程中释放潜热，维持库内果蔬不受冻害。暖季，冰转化为水过程吸热，维持库内低温。库内流动的空气在冰水混合的冷水池上方经过，湿空气扩散至全库，一举解决人工机械制冷空气干燥的弱点。通过物理计算，将水温、进风量进行控制，可保证库内温度湿度稳定。大规模将热能贮存或携带不多见。保存热能最简单的办法，是通过真空层或蓬松物质层将热物体与外界隔绝，阻止热能散失。热水瓶就是利用真空隔层切断热对流，以真空壁镀铝反射切断热辐射的。热能可以间接转化为他种能量形式，蒸汽机和内燃机利用热能做机械功。如果热能能够高效大量贮存，用作车辆能源也很理想。但是目前还没有找到一种介质能实现高密度贮存热能。高温物质化学性质不稳定，不易控制。热能转化为机械能，效率难达50%。热是自然界最普遍的现象之一，据热力学第二定律，"热"永远自动从高温流向低温，不付出能量就休想将热量从低温移向高温。贮存热能是不易的。

地球本身就是一个巨大的热贮存库，地表下面40千米处的温度达1 200 ℃，地核温度有6 000 ℃，因为有2 900千米厚的地幔这个超厚的保温层，亿万年来为地球保存热能（当然，地球内部也还有各种原因，在不断产生新的热能）。地表也保存着太阳热能。

人一直在探索隔绝传热贮存热能，还研究晶体相变保存热能。太阳能热水器水箱贮热十分有限，贮存时间短。较好的方法是将阳光聚焦，获得高温将晶体物质（如食盐）熔化，使它除了含高温具有的显热，还含潜热（熔化热）。熔融晶体能量密度大，例如食盐熔点是801 ℃，熔化热是28千焦耳/克分子，是无机盐中的佼佼者，但熔点偏高。更好的贮能晶体物质，是化学性质较稳定的碱金属无机盐，如硝酸盐、碳酸盐或它们的混合物，显热/潜热都好，熔点在600 ℃以下,其中 $40\%KNO_3$ 与 $60\%NaNO_3$ 混合盐,正在用作太阳能发电的贮热介质。

太阳能光热槽式聚焦电站,以高温融化上述一类无机盐。熔盐作为"工质",加热水产生高压蒸汽驱动汽轮机发电。这比光热聚焦直热锅炉烧蒸汽好很多。直热锅炉的温度受阳光强度、天空云彩、白昼和黑夜的影响,难以稳定发电。熔盐作贮热缓冲介质,保持锅炉温度稳定。意大利、西班牙、美国等国建成了多座熔融盐光热电站。我国也有建成的和在建的,都用到了熔盐贮能。

以上的热贮存都离不开隔热保温,需要保温成本。一旦隔热保温不好,热能将很快耗散殆尽。所以更好的热能贮存,应该是常温下的贮存。"常温"和"热"并不矛盾。某些材料,热能使其化学键发生某种改变,在分子内部贮存"结构能",而不致温度大升。这样的物质是存在的。通过化学键来实现太阳能存储,是颇受关注的技术。一种叫"二钌富瓦烯"的材料被阳光照射时,热使其内部结构发生改变,形成"亚稳态"分子结构,能量被贮存起来。必要时,这些贮存了的热量可在特定催化剂的作用下释放,分子再恢复为放热前的结构形态。这一过程可以不断重复。在甲地存储热能,拿到乙地使用。可惜这种材料中的钌,是昂贵的稀有金属,由其制成的储热设备能量密度低,不具商业价值。但这种不需隔热保温的贮热方法,使人们看到简易长期贮热的一线曙光。日前,一种低价、稳定性好、替代二钌富瓦烯的碳纳米管化合物"偶氮苯"问世,以"亚稳定"分子结构完成太阳能贮存,能量密度超过锂电池。化学键贮能材料不能将热能直接转化为电能,这是它们的最大缺点。它们将与光伏发电并驾齐驱,为太阳能的利用又辟蹊径。

千万要明白,贮"冷"也是贮存热能。热机做功,必须有温度不同的两个热源。冷源和热源的地位是完全等价的。以隔热容器贮存冰、干冰和液态气体,与热水瓶贮存热水一样都是贮存热能。古人在冬季将天然冰贮存,供夏季取用,就是取用保存的能量,不需要耗能制冰。

LINK 知识链接:贮存热能的古冰箱

冰箱是贮存热能的容器,利用逆卡诺循环原理制成。现在我们使用冰箱保存食物,可防室温下食物变质。在科学技术不发达的古代,没有制造冰箱的理论和技术,但人们知道建立局部低温环境保存食物。我们的祖先想到了把冬天的"冷"留一些到夏天。严冬,古人将冰采集并保存在隔热环境,几个月后的炎夏拿出来,用于食物的防腐保鲜。在周代,就专门设置管理冰的人员了。《周礼·天官·凌人》"凌人掌冰。正岁十有二月,令斩冰……";祭祀放供品的鉴里放冰——"祭祀共冰鉴"——为的是防腐保鲜。可见冰鉴(盘)是冰箱之祖。

出土的两千多年前的"铜冰鉴"
长、宽 76 cm,高 62 cm,重 170 kg

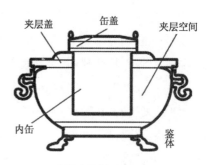

铜"冰鉴"剖面示意

　　1981 年,湖北随州曾侯乙墓出土了两件珍贵的青铜鉴(左上图),即古代"冰箱"。二者之一现存湖北省博物馆(另一件存北京国家博物馆)。右上图是它的剖面示意。鉴以青铜浇铸,包括鉴体、缶、双盖、勺五个部件。缶用于放置食物或酒。缶与鉴间夹层放置冰块,通过铜缶传热,冰将酒冷却达到保鲜目的。

　　该冰鉴在曾国国君墓中发现,说明曾国贵族将这台"冰箱"用于酒的冰镇保鲜。古代粮食酒酒精含量低,夏季室温下易发酸,置于缶中,被夹层中的冰块冷却就不易变质,可随时打开缶盖,用酒勺舀取饮用。古代没有人工制冰技术,在严冬采冰,储于山洞或地窖("凌阴"),外覆松软物质隔热,夏季取用。

　　这台青铜冰鉴,是我们祖先的创造,可称世界上最古老的人造冰箱了。

四、 化学方法贮能

　　将化学能转变为电能的人造装置是伏打电池(原电池),由意大利科学家伏特在 1799 年发明。在锌片和银片(或铜片)间夹着浸满盐水的布,便是一个单元伏打电池。图 3 所示为三单元串联,它可以使一粒小电珠点亮片刻。在酸、碱或盐溶液中置入两种化学活泼性相差大的导电材料，便成伏打电池。伏打电池的原理可以解释如图4，在稀硫酸溶液中置入锌片和铜片，作为两个电极。硫酸溶液中有两种离子——氢离子（H^+）和硫酸根离子（SO_4^{--}）。锌片在硫酸中，带正电的锌离子（Zn^{++}）在硫

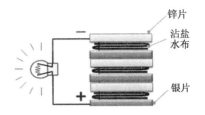

图3　伏打电池

酸溶液中与硫酸根离子产生离子反应成为硫酸锌（$ZnSO_4$），剩下两个电子（2e）在锌片上，成为自由电子。在铜片一方，铜的化学性质决定其与稀硫酸不反应，保持原态。如果将两个电极用导体短接，锌片中的自由电子便通过导体流向铜片，与上述氢离子结合成为氢原子（$2H^+ + 2e = H_2$）。氢聚集在铜片附近成为绝缘层，隔绝新来的氢离子与铜片上的电子结合，使铜片聚集更多的电子，阻碍锌片上后来的电子流向铜片。氢聚集在正极附近称为极化现象，对电池不利（两极间的电压越来越小）。为解决这个问题，可在电解液中加入强氧化剂如高锰酸钾等。作为商用电池，为携带方便，会在电解液中掺入不参加变化的糊状物如胶状物。我们常用的一种干电池就是以圆形锌筒为负极、中心碳棒为正极，外涂石墨与二氧化锰混合物作为去极剂，电解液氯化铵和糊状物混合，涂于纤维制成的浓密的立体网格，保证电解液导电而且离子反应可以进行，但又不会像液体状态时可以自由流动。它们是"干"的，因此封装后被称为"干"电池（其实骨子里还是"湿"的）。

　　蓄电池和原电池的放电，是相似的电化学过程。如果原电池的放电所产生的化学变化，能够在加上电压后逆向进行，原电池就成为让电能变成为化学能

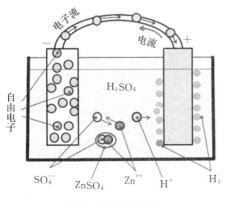

图4　原电池原理
（注意电流与电子运动方向相反）

的装置。图4所示的原电池，如果接入电压（通路去掉后，将外电源正极接电池正极，负极接负极），结果并不能使电解液中的硫酸锌恢复为锌原子和硫酸根离子。如果能找到一种电解质和电极材料，让放电过程的化学变化能够在适当电压下可逆进行。有幸，有多种这样的配套电解质和电极材料：硫酸作电解质；二氧化铅和铅分别作正极、负极的电池，可以实现充/放电多次循环工

作。这就是早已投入商业运行的、应用广泛的铅酸蓄电池。嗣后又发明了以苛性钠为电解液的铁镍蓄电池、银锌电池、镍镉电池、镍氢电池以及以金属锂为阴极的多种锂离子电池。有了这些可以实现化学贮能的电池,在一定程度上解决了携带式电源问题。但这些电源有许多不尽人意之处:①贮能密度小,最看好的锂电池,每千克贮存能量也不到 200 Wh(即能量密度<0.2 kWh/kg,比化石燃料差得太多:93 号汽油是 12.9 kWh/kg,相差 65 倍,粗略计算,电池驱动轿车 10 小时不充电,需车装电池 2 吨);②功率密度小于 130 W/kg,也就是每千克电池输出不到 130 W 的功率,没有爆发力,不能输出大电流,启动、加速、爬坡能力不如汽油车;③充电速度是"小时"数量级;④贮能效率很低,一个充/放电循环的能量利用率不超过 30%;⑤使用寿命很短,充放电次数在 500~2 000 次;⑥废弃电池对环境有污染。

看来,用蓄电池取代化石燃料的纯电动汽车,短期仍难以完全实现。在相当一段时间内,可能锂电池车和他种能源车并存。这里的主要原因是电池车充电速度太慢以及能量密度太低,后者尤为关键。目前面市的纯电动车,如美国较好的车型"特斯拉 *Model S*"64 kW 轿车,三相感应电动机驱动,变频调速,无变速箱、噪音小,大大改善了驾驶操作,行驶 1 千米耗电 0.25 kWh。但 2.1 吨重的整车,电池重量就占 1.2 吨。由 8 000 节容量 3 100 mAh、电压 3.7 V 的钴酸锂电池组成电源,充电一次大于 3.5 小时,续航能力仅 370 千米,不到汽油车的一半。这些缺点,在很大程度上抵消了它的优势。

然而,包括纯电动汽车在内的新能源汽车是势不可挡的发展趋势,全世界都在努力研发,预计一定会研发出更好的电能贮存方式。

五、 生物贮能

在本书的另一篇文章"把太阳能用得更好些"已叙述生物贮能,作为一种贮能方式,本文还是要列出这个标题,生物贮能的详细内容可见该文。

六、 电容贮能

利用电容器贮存正负电荷,亦即保存电场能量,属物理贮能。平行板电容器原理简单,最为形象:导体平行板表面储存电荷,表面积越大,贮存电荷越多,电容量越大。充电时,直流电压将正负电荷分别驱送到电容器的正负极,可以无数次充/放电,贮存电量取决于电压和电容值。电容单位是这样定义的:当电容器极板间电压为 1 伏特,贮电量是 1 库仑,则电容量为 1 法拉(F)。图 5c 示意平行板电容器原理,两片平行的导体中间隔有绝缘介质;为扩大导体面积,实际的电容器常以薄铝片作电极,中间夹以薄纸或塑料薄膜,像制作蛋卷那样卷起来,图 5b 示意大极板面积的电容器分解图。电容器的电容值 C 与极板面积、板间距离及板间绝缘介质的介电常数有关。$C = \varepsilon S / 4\pi kd$,式中 S 是平行板的面积,d 为板间距,ε 为介电常数;则该电容所贮存的能量是 $W = CU^2/2$。式中 U 是电容两端电压。一百多年来,普通电容器最大单体可以做到 10 000 μF(1 μF = 10^{-6} F)左右。耐压 100 V 的这种电容器,重量大约 0.5 kg,计算下来可以贮存 0.001 4 千瓦小时电能,能使 100 瓦灯泡点亮 5 秒钟。普通电容不能像蓄电池那样用作贮存能量的设备,主要用作电路元件,也在电力系统用于改善功率因数。20 世纪末发明的超级电容,也称超级电容电池。它以"双电层原理"和多孔材料的极板纳米技术,最大限度地扩大电极表面积,使电容值增加到普通电容值的数百万倍。超级电容通过极化电解质贮能,是电化学器件,但贮能过程不形成新物质,仍属物理贮能。

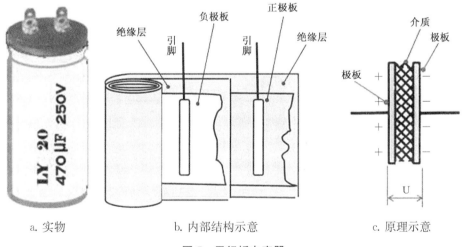

a. 实物   b. 内部结构示意   c. 原理示意

图 5 平行板电容器

作为物理贮能器,目前超级电容的优越性表现为:①巨大的电容值,单个超级电容最大容量在 5 000～30 000 F;②高功率密度(10 kW/kg);③高能量转换效率,一次充/放电循环,平均效率达 92%(电池仅 25%);④大放电电流,可达 1 000 A;⑤快的充电速度(30 秒);⑥宽的工作温度范围(－40 ℃～＋70 ℃);⑦充放电寿命不小于 5 万次、使用寿命超过 25 年,是蓄电池的 50～100 倍;

⑧环保、安全,不产生气、水等有害物,不会爆炸;⑨易于维护。

超级电容放电中压降快,通过电压调节器的解决;超级电容能量密度比蓄电池小(最大约 15 Wh/kg,蓄电池最大达 200 Wh/kg,是超级电容的 10 多倍)。电机功率 60 kW 的纯电动轿车行驶 5 小时,需 250～300 kWh 能量,选电池供电,电池重量是 1.2～1.5 吨;用超级电容供电,电容重达 10 吨,轿车是无法承受的。不在能量密度上取得突破,超级电容是不可能单独用作轿车电动机电源的。折衷的方法是:超级电容的大功率密度,配合蓄电池较大的能量密度,组成图 6 所示电源。正常平稳行驶时由电池供电;启动、加速和爬陡坡时,电机从超级电容获得大电流形成大驱动力。走走停停的电动公交车,可以采用全超级电容电源,目前的电动公交车,一次充电可以连续行驶 20 千米,只需在公交首尾站点充电。线路较长者,只需在中途站设几个充电点,利用停站 20～30 秒充电,有望实现公交车全部电气化。全国每年更新公交车 6 万余辆,如全部更新为超级电容车,估算每年节能 5.84 亿 kWh,减排 700 万吨。

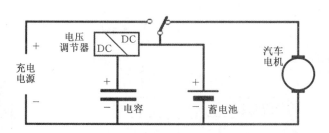

图 6　电容-电池配合驱动示意

据称 2011 年,山东淄博"高能镍碳超级电容电池"为电源的纯电动公交车,试验时速 120 千米满载连续运行 210 千米。如真实可靠,是有价值的。

更多超级电容驱动的电动车研究在我国多地进行,目前能制造 30 000 F 石墨烯纳米混合型超级电容器。纯超级电容驱动的无轨和有轨电动公交车,已在上海、广州、宁波、成都等地陆续投入运营;也出口到了俄罗斯、白俄罗斯、保加利亚、以色列、奥地利等国。电容电源纯电动公交车的前景看好。

除超级电容贮能,也可以有超级电感磁场贮能。在低温超导环境中的电感线圈,能承载无限大电流,建立极巨大磁场,长久保持磁场能量,需要时以技术手段取用。超级电感配合超级电容,理论上还可以谐振原理贮存交流电能。

七、　飞轮贮能

运动物体动能 $E = mv^2/2$，式中 m 是运动物体的质量，v 是其速度。绕固定轴旋转的物体，动能公式转化为：$E = j\omega^2/2$，式中 j 是运动物体对转轴的转动惯量，与旋转物体的质量和形状有关，ω 是转动角速度，单位为每秒旋转的弧度数。运动物体无处不在。用快速旋转的飞轮贮存动能是一种贮能方法。抗战时期，游击队的兵工厂就用过大飞轮贮能。几个壮汉合力摇动一个两三米直径的钢铁飞轮旋转，作一台修理枪械小车床的动力，让机床上的工件在一个大惯性系统中，避免切削刀具受到冲击。20 世纪，荷兰人试验过惯性公共汽车：在汽车底部装一个水平飞轮，车子不开动时，由电机驱动飞轮旋转贮能，飞轮的惯性保持动能；行车时通过传动系统驱动车轮，这是最初的尝试。现代重新启用这种技术，在更加科学的基础上，用高强度碳纤维材料制作飞轮，让电机转子和飞轮同轴。轴的两端是没有机械摩擦的磁悬浮轴承。这些都被密封在一个抽成真空的鼓形容器（图 7）。贮能时，电机作为电动机，容器内的转子被容器外的定子电路驱动，带动飞轮加速旋转，贮存动能；释放能量时，电机作为发电机，转子通过电磁系统使定子电路感生电流，驱动汽车电动机。这与蓄电池贮存电能的情况相仿：贮能时，电能输入系统，在系统内部变为其他形式能量贮存；使用时，系统贮存的能量变为电

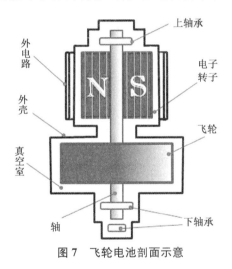

图 7　飞轮电池剖面示意

能输出。从外部看，这个系统可以从外部输入电能贮存，也可以从系统取得贮存了的电能到外部，故称飞轮"电池"。国内外生产单位很多。飞轮以高强度碳纤维制作，直径在 23～30 mm。飞轮转速约 20 万转/分，角速为 20 944 弧度/秒，转动惯量是飞轮、电机、轴等转动部分转动惯量的总和。由于这是一项正在发展的技术，各个厂家的产品数据差别很大，从资料看，飞轮电池功率密度约 5 000～10 000 W/kg，能量密度不大于 2 kWh/kg。作为轿车能源，比蓄电池和超级电容都有优势。但远劣于汽油。

图 7 绘出了飞轮电池机械原理示意。图中飞轮由碳纤维制成，飞轮与电机同

轴。电机转子是 N-S 相间的永久磁铁,电机作三相同步电动/发电机。贮能时,外电路的三相交流电压驱动电机带飞轮旋转。电源频率由外电路控制逐步增加,直至飞轮达最大转速,断开外电路,飞轮由惯性和低阻力保持高速旋转。输出电能时,与飞轮同轴的电机转子在定子绕组感生三相电势,由外电路输出。定子外电路可以置于真空室内或室外,本图绘在真空室外。交流电路技术是成熟的。飞轮电池靠几个关键技术才取得成功:①飞轮材料。保证巨大的离心力不损坏飞轮;②低温和超导。液氮使励磁线圈的导线产生超导效应,可通过无限大电流;③磁悬浮轴承。永磁和大励磁电流形成的斥力,抵消飞轮和转子重力,转动部分"浮"起来了,成就了无摩擦磁悬浮轴承;④真空。转动部分全部密封在高强度坚固致密材料制成的壳体中,壳内抽真空(压力$\leqslant 10^{-8}\,\mathrm{Pa}$),使飞轮与壳内气氛的摩擦阻力趋于 0,保证飞轮全速旋转,24 小时能量损失$\leqslant 2\%$。图 7 是多种飞轮电池一个概略示意,供读者形成一些感性认识。真正的飞轮电池结构要复杂些,有图中没有示出的磁悬浮励磁线圈,以及保证励磁导体低温的液氮贮存罐等。

飞轮电池正处于研制和试用阶段,各厂商的数据差别较大,报道过的数据也不断刷新。技术界看法相同的是:好的飞轮电池能量密度在 $1\sim2\ \mathrm{kWh/kg}$,大于锂电池。功率密度与超级电容相当,充放电速度快,利于电机快速启动。飞轮电池是机械能—电能相互转化,效率比化学能—电能之间的转换效率高得多,速度快得多;不产生有害物,没有污染;维护简单,无噪声,工作寿命$\geqslant 20$ 年;工作环境温度在$-40\ ℃\sim +50\ ℃$;一个单体飞轮电池重量在 $20\sim30\ \mathrm{kg}$。我们取中等数据,粗略计算和论证它作为电源,很适合用于纯电动车。

用作轿车贮能动力,理论上飞轮(也称飞轮电池)贮能技术指标超过超级电容。由于它所贮能量随时间自然耗散较快,不适合长期(例如半个月以上)的贮能,而适合随充随用。用在轿车上,最好在出车前几小时至几分钟,在大功率充电站完成充电。飞轮电池要求极高强度材料、超低温技术、磁悬浮轴承和精密机械电气制造技术。这可能是目前它没有大量普遍使用的原因。

LINK 信息链接:飞轮电池用于纯电动车

实例:电机驱动的纯电动车,与内燃机驱动的汽油车,原动机的额定功率都是 $60\ \mathrm{kW}$,除了行车驱动系统,其他性能和配置完全相同。纯电动车配飞轮电池 15 个,电池单重 25 kg,能量密度 1.5 kWh/kg,请计算它在高速公路可否与汽油车一样正常运行?

解：电池总重＝$25 \times 15 = 375$ kg，总能量＝$375 \times 1.5 = 562$ kWh，若全部能量仅用于行车，则电动机可满负荷运行时间＝$562 \div 60 \approx 9.35$（小时）。考虑到控制用电及额外损耗，按效率 0.85 计算：续航里程＝$9.35 \times 0.85 = 7.9$（小时）。根据经验，轿车满功率在高速公路运行通常可获时速 100～120 千米，则这台车可续航约 900 千米，与汽油车相当。在重量上，电池总重 375 kg，加上电动机、低温设施及控制系统附加重量，满打满算总重 800 kg。纯电动车没有内燃机、油箱、部分传动机械（有的还省去变速箱），估算这些部分的重量与电控部分总重基本相当。由此，纯电动车与汽油车仅是驱动力不同，其他完全一样，可以相比。

工业控制的理论和实践告诉我们，在所有原动机中，电动机的调速和控制性能是最优秀的，机械损耗最低且能回收制动能，运行效率最高。所以飞轮电池驱动的纯电动车，实际续航里程比计算的要多。此外的优点还有：充电时间不比汽油车加油时间长，甚至更短；电动机起动较内燃机迅速，从 0 速到全速可以快若干倍。

论证和计算结果表明，能量密度 1.5 kWh/kg 的飞轮电池，作为动力能源，它们比化石能源出色得多，可用于纯电动车。

飞轮电池能量密度超铅酸电池的 10 倍，是汽油的 1/5；起动能力是铅酸电池的 25 倍，是汽油发动机的 10 倍；使用寿命超过 20 年。

八、 比较，怎样把能量贮存得更好

将各种贮能方式的主要技术指标最大可能值列表，不认定哪种贮能形式是绝对的好，作分析对比：

表　多种贮能方式技术指标比较

贮能方式 ＼ 技术指标	最大功率密度（kW/kg）	最大能量密度（kWh/kg）	贮能速度数量级（kWh/sec）	释能速度数量级（kWh/sec）	备　注
重力位势	0.001/m 高	10^{-5}/m 高	不限制	不限制	寿命 100 年左右
热	不限制	不限制	未知	未知	
化石	$\leqslant 3$	13	远古形成	10^2	以汽油为代表
电化学	0.13	0.2	$10^3 \sim 10^4$	10^2	原电池与蓄电池

技术指标 贮能方式	最大功率密度 （kW/kg）	最大能量密度 （kWh/kg）	贮能速度数量级 （kWh/sec）	释能速度数量级 （kWh/sec）	备 注
生物	2	10	极慢	10^2	数据按生物柴油
超级电容	$\geqslant 10$	<0.1	$10^0 \sim 10^2$	10^2	作移动电源，长寿
飞轮电池	>5	$\leqslant 2$	$\geqslant 10^1$	$\geqslant 10^2$	寿命 20 年
原子能	10^6	10^6	/	10^6	能量密度最大
超级电感	尚未开发，建议有能力者研究				

从表中可以看出一些端倪，我们不妨就此分析贮能方式：

· **重力势贮能**。作为大容量能量储存，在电网调峰技术中，高位水库贮能是首选。此机械贮能方式不宜用于移动设备。

· **热贮能**。无机盐热贮能是太阳能利用的缓冲。热能使分子结构变化材料常温贮能，目前迫切需要廉价而高密度的此类材料。

· **化石贮能**。古代自然形成的不可再生能源，能量密度高，便于携带，但化石能源终将枯竭，应该节约使用。

· **电化学贮能**。即蓄电池贮能，用途普遍，但效率低，寿命短。作短途运输（如公交车）贮能动力，与超级电容配合，目前正在试验阶段，主要缺点是功率密度过低，能量密度也不高。

· **生物贮能**。生物是太阳能的"仓库"，贮存速度虽然缓慢，但太阳能疆域广阔，无处不在，速生林和微生物贮能速度相对快一些。生物燃料制成的二次可携带能源物质（如生物柴油、甲醇、乙醇、燃气等），试验研究方兴未艾，是很有前途的贮能途径。

· **超级电容贮能**。功率密度大，能量密度低，目前没有作为独立移动能源的能力。这种方式环保、功率密度大、起动电流大、贮能速度快（达数分钟）、寿命长。配合电池使用，有一定的价值。当前的目标是研制出大贮能密度（$\geqslant 2$ kWh/kg）的超级电容。

· **飞轮电池贮能**。短期贮能方式，不适合长期贮能。飞轮电池要求极高强度材料、超低温技术、磁浮悬轴承以及精密的机械电气制造技术。这是目前没有大量普遍使用的原因。

作为轿车贮能动力，理论上飞轮贮能优于电池与超级电容组合。

·**原子能**。原子能是自然已有的能量,不属于人为贮能。原子能有核裂变和核聚变两种形式,能量密度和功率密度远超出所有已知能源的千百倍,一克裂变物质铀235相当于14吨标准煤,一升海水中的核聚变物质氘相当于600 kg汽油的能量。原子能有如此巨大的能量密度,任何在用的其他能源都无法比拟。可控核裂变能量释放必须在重型专门设备中进行,除核航母和核潜艇,普通交通工具无力携带;可控核聚变则需要人类目前尚未掌控的、千万摄氏度数量级的极大高温,科技界正在紧锣密鼓地研究,有人估计21世纪可能取得突破。如果可控核聚变技术问题解决,海水可提供能够用几百亿年的核聚变原料氘(重氢),人类将有高密度的、取之不尽用之不竭的清洁能源,永无能源危机。

怎样把温室效应控制得更好些

一、 地球变暖和碳排放

2017 年 7 月 10 日,河北、山西、陕西、新疆等地局部出现高温天气,高达 40 ℃～42 ℃,吐鲁番普遍到达 49 ℃;海滨的上海市中心在 7 月 21 日达到 40.9 ℃,创 145 年来最高纪录。"变暖了!"60 岁以上的老人们说"最近比前些年可热多了。四季都在变暖。"

图 1　地球变暖了

不单是人们主观感受,科学仪器的记录也证实:地球确实在变暖。环保科学家说,是地球上"温室效应"过了头,而罪魁是以二氧化碳为首的"温室气体"在大气中占比不断增加,也就是所谓的"碳排放"增加。

这里的碳排放,应该理解为"人类活动引发的温室气体排入大气"。上自各国政府,国际组织,下至民间团体、平头百姓,大多都呼吁降低碳排放,从源头上抑制温室效应,为拯救地球而努力。

过量碳排放的主因是化石燃料(煤、石油和天然气)的使用。火力发电排放占 40%;8.5 亿辆汽车(其中中国 8 000 万辆)和其他内燃机车辆共占 26%;余下部分来自飞机、工农业生产;小部分来自人类生活。火山和山火等自然原因也产生二氧化碳;热带雨林无节制采伐造成二氧化碳吸收减少、森林造氧减少,也视为碳排放。近 20 年全球二氧化碳的年排放量都在 300 亿吨上下。世界日耗汽油 1 000 万吨(7 170 万桶),加上其他因素的碳排放,全球日均碳排放 1 亿吨。人类采取的减排措施收效不大,碳排放未见显著下降。

二、 温室气体的千秋功过

当太阳光穿过大气照射地球,大气中某些气体对中短波长的电磁波辐射

（主要是可见光）少有吸收，顺利通过；而对不可见的红外长波辐射大量吸收，少量通过。这些气体在大气中起到类似暖房玻璃的作用，像一个无形的玻璃罩包着地球，它让可见光

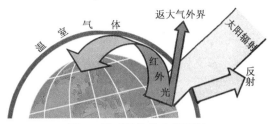

图 2　地球温室效应示意图

透过进来，在地表附近转化为热能即长波的红外线后；被限制返回大气外界的太空，大部分留下加热大气和地表，使地表附近温度升高（图 2）。这就是所谓的温室效应。这些短波易过而加阻长波的气体，被称为温室气体。

　　我们不妨复习关于太阳的知识：距离地球 1.5 亿千米的太阳是生命之源，不断向地球辐射能量，为生存创造条件。生命除了需要能量、空气和水，还需适合的环境温度，对人类，这个温度范围在－40～40 ℃。对微生物，这个范围要大一些。

　　没有浓密的大气控制太阳送来的能量，地球也会像月亮一样：白天，阳光照射时地表高温达 200 ℃；夜晚，热能全部放散到太空，温度骤降为－127 ℃，昼夜温差达 327 ℃，任何生命无法存活。地球可不是这样，在演变中，它形成了生命成长的温和气候。这个演变中，水汽、二氧化碳和甲烷等温室气体功不可灭，温室气体这个巨大的玻璃罩，白天让中短波太阳电磁辐射进入，在罩内转化为热能；在没有阳光的夜晚，外界温度陡降时，罩子阻止长波热能大量外传，罩内温度不致陡降，从而使地表昼夜温差不大，适合生物生长。大部分位于北温带的中国，昼夜温差多在 10 ℃上下，很少超过 20 ℃。温室效应成为生命的保护神，没有温室气体调节昼夜温差，就不会有地球上的生命。

　　温室气体有功：它造就了地球上的生存环境；温室气体有过：它使地表温度上升过头，威胁生存环境。千秋功过，人们这样评说。

　　空气中温室气体的种类很多：有水汽、二氧化碳、甲烷、氮氧化物、硫化物、氯氟化物等 30 多种。其中氯氟化物的温室效应能力最强，但它们在大气中含量极微、造成温室效应的份额极微，可以忽略；水汽含量最大（主要来自海水蒸发，占大气水汽的 98％），但它最易于降解，成为降水。所以在大气中占比稳定，对温室效应的贡献恒定。甲烷在大气中的浓度是 1.7 ppm（百万分之 1.7），多半是自然产生（沼泽淤泥排放；反刍动物呼气；生物腐烂；火山及地表排放等），小部分与人类活动有关。甲烷能降解，它对温室效应的贡献不到 1％，此外的氮氧

化物和硫化物等,是人类活动造成,与甲烷一样占比小,影响很小,可以不考虑。二氧化碳的温室效应能力虽非最强,但在大气中的浓度是 385 ppm,是甲烷的190 多倍;它仅靠植物吸收,不易自动降解,故浓度不断累加,是温室效应的主角。

三、 地球变暖的后果

今天人类活动史无前例地大排温室气体,造成温室效应过了头,开始破坏维系了千万年的生态环境,威胁人类的生存。

工业化以前的几千年,全球处于农业社会那阵,温室气体在大气中的占比稳定,地球气候也保持在相对稳定的状况,气候规律性很强。大气中二氧化碳的浓度在 275 ppm;随着工业化开始,化石燃料大量使用,森林被大面积采伐,二氧化碳在大气中的浓度与日俱增:20 世纪 50 年代为 315 ppm,70 年代为345 ppm;21 世纪初达 380 ppm(图 3),比工业化前增加了 38%。由此引起地表年平均气温升高 0.75 ℃。专家估计温升的三分之二即 0.5 ℃,应归罪于 20世纪 60 年代以来化石燃料——煤、石油和天然气的无节制使用,燃烧形成的二氧化碳直接排入大气所致。不到 1 ℃的温升,后果已初露端倪:这些年气候异常、水旱灾害频发、一些生物物种灭绝或濒临灭绝、候鸟迁徙规律失常、北极冬季缩短等。预测近期二氧化碳将达到 400 ppm。照目前排放增长速度推算,平均每十年温升将超过 0.3 ℃。到 21 世纪末,地表大气平均温升达 3～4 ℃。两极温升可能超过 5 ℃。

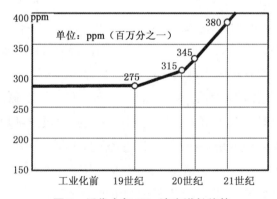

图 3　近代大气 CO_2 浓度增长趋势

连续温升将造成严重后果:存在了亿万年、绵延万里的两极巨大冰盖将逐渐融化,海平面步步上升;冰盖缩小并最后消失,失去目前参与维持地球生态平衡的作用;极地生物因丧失家园而灭绝;估算到 2160 年,海平面将上升 1 米,陆地面积大幅缩小;许多洼地、岛屿和著名沿海大城市如纽约、伦敦、上海、东京、威尼斯、曼谷和悉尼等将受水淹威胁。仅中国就要失掉 12 万平方千米的土地,7 000 万以上居民要搬离故乡;温升利于昆虫繁殖,病虫害大幅度增加;更可怕的是冰盖的融化,在冰层深处被冰封数十万年的史前致命病毒,解冻后可能卷土重来,这些原始病毒在逆境中生存能力惊人,人类束手无策,生命将受到严重威胁,陷入疫病的空前灾难;气候反常,海洋风暴增多;大陆耕地面积缩小,粮食成了问题;很难预期的气象格局变化,可能是风灾、洪水、干旱交替祸害;土地大面积地沙化……这将是人类可能的噩梦!

四、 更好地控制温室效应

回到本文主题:怎样把温室效应控制得最好,让气候回归往昔。解铃还得系铃人:人类造成的恶果,得由人类自己消除。就解决气候变化问题,联合国牵头多次组织国际会议,几度出炉解决问题的公约。最近一次公约是 2016 年生效的《巴黎协定》,其目标是控制全球平均温升不超过工业化前平均气温 2 ℃,力争不超过 1.5 ℃,有人认为减排是拯救地球的最后机会。

有许多解决方案,可归纳为四条:

(一) 釜底抽薪,开发清洁能源减排

釜底抽薪的根本办法,就是用清洁、可再生的能源取代化石能源,这些能源主要有水力能、风能、太阳能;次要有地热能、波浪能、潮汐能等;至于原子能,虽然使用时没有温室气体的排放,但是原料的开采和精炼过程存在大量的碳排放,它本身也会产生有放射性的核废料,不是清洁能源,不在讨论之列。目前能量的来源,80%以上出自化石燃料,各国情况略有不同(法国特殊,八成电力由核能供给)。有人估计世界能量需求总功率约 87.6 亿 kW。而上述的三种主要清洁能源,是可再生的,可供量巨大。人类是幸运的。

三种清洁能源分析如下:

1. 水力能

世界水力能储量约 70 亿 kW,存在于江河和瀑布。自古人类就已经利用水力能。中国至少在唐代用水筒车提水,用水力驱动转轮推磨。西方的水力磨坊也很有名。近代利用水力能,多数是位能发电。电能最易转化为他种形式能

量,使用也最方便。世界水电装机约 12 亿 kW,我国已突破 3 亿 kW,占 27%。举世闻名的三峡水电站装机 2 000 多万 kW,年发电 1 000 亿 kWh,相当于每年减排二氧化碳 8 000 万吨。我国水电占比 17%,是国内非化石能源发电中最多者,对节能减排有大贡献。除发电,直接利用水力的水轮泵、水锤泵、水力碾米推磨等机械,仍有相当数量贡献减排。

2. 风能

风力的利用历史久远。帆船是最早利用风力的交通工具。帆船能使八面风,航海和内陆水域都广为使用。农村利用风力扬场,风车提水、加工谷物,中外都有记载。荷兰是利用风能最有名的国家,人们筑堤将低于海平面的陆地变良田(有"上帝造海,尼德兰人造陆"之说),以风车带抽水机排除海堤内的渗水。全球风能储量 3.6 万亿 kW,是现今人类使用总能量的 5 000 倍!风能不均匀地分布在各个角落,可利用量不到 1/10。发展风能发电以欧洲各国为最。德国、荷兰、丹麦都大力开发这种免费的清洁能源。为取得大风和节约土地,很多风电站建在海中。英国雄心勃勃,据报道已建成约 800 万 kW,拟在 2020 年达 1 800 万 kW,占全国电力的 10%。我国风电规模小,20 个较大的风场总装机容量不到 30 万 kW,其中最大的新疆达坂城风电厂,装机 5.75 万 kW。目前我国已投产和在建的风力发电,不到可利用风能的 1/1 000,海上风能开发很少。世界风电开发之势锐不可当,我国承担了大量的风电设备制造工作。

3. 太阳能

太阳是一个巨大的能源库,每秒钟辐射给地球的能量就相当于 500 万吨煤。虽然这个功率只有其辐射总功率的 22 亿分之一,也达到了 173 万亿 kW,是今人现用电能的 20 多万倍。天文物理学家计算太阳能可持续 50 亿~100 亿年。太阳能可以说是取之不尽的能源了。

太阳能的利用方法很多,最重要的是光热聚焦发电和光伏发电。前者以光能聚焦生产蒸汽驱动汽轮机,后者应用半导体"光生伏特"效应产生电能。光伏发电的优点是没有机械运动、没有高温、可小型化、上马快。缺点是电压低而不稳、效率不高;需配用蓄电池和辅助电路;并网还要另加变流和变压装置。当下,城乡遍建投资小、收效立竿见影的微型光伏电站:蚂蚁啃骨头式地利用免费太阳能,是个不错的主意。太阳能路灯、太阳能庭院灯和交通信号灯,一个个独立的小光伏系统,初显效果。

光热聚焦发电规模大,可直接获高压三相交流电压,使用或并网,效率高,工作寿命长。在阳光充足、广阔的地区发展大型光热聚焦发电,包括我国在内的许多国家都有这样的战略规划。

光伏发电和光热聚发电各自扬长避短,两种方法并驾齐驱。

太阳能热水器是太阳热能最简便的直接利用,我国在用太阳能热水器 2.3 亿 m^2,相当于年节电 600 亿度,减排 8 000 万吨。

太阳能是优等的自然能量,如果能够利用它的十万分之一,足够人类迄今全部能量之需,也就实现了全球的彻底减排。

(二)为碳排放大户减排

生产中的碳排放大户,名列前茅的是火电、汽车、水泥、冶金,其次是化工。待到全部绿色能源发电,火电碳排放消失,汽车和一些耗能机械部分或全部以电取代石化燃料驱动,减排可望减小 60%,但水泥、冶金特别是钢铁业,碳排放依然较大。

水泥的主要原料是黏土、煤粉、矿渣、石膏、石灰石(碳酸钙)等,其中石灰石用量占 81%。水泥生产中除煤燃烧产生二氧化碳,石灰石加热后分解成氧化钙和二氧化碳 ($CaCO_3 \xmapsto{\triangle} CaO + CO_2 \uparrow$),产生二氧化碳不可避免,但可用二氧化碳制造干冰这样的工业原料,降低碳排,变废为宝。另外水泥热源可改用清洁能源以降碳排。这两个问题,都需在规划战略布局上研究整合,例如使发电厂或钢铁厂的余热组合成热力管网,供热给水泥厂和化工厂这样的用热大户;让水泥厂配合冷冻企业生产干冰,等等。

冶金行业的碳排放来自燃料。冶炼用焦炭,炼钢、轧钢、热处理等都消耗大量的含碳燃料,碳排放量巨大。我国是世界最大的钢铁生产国,当火电不再碳排,当清洁的电能进入钢铁企业,有色金属冶炼和炼铁高炉碳排放依然严重。炼铁的两种铁矿石(氧化亚铁和氧化铁)被还原成为铁的过程,表现为两个化学反应式:$2FeO + C \Longrightarrow 2Fe + CO_2 \uparrow$,$Fe_3O_4 + 2C \Longrightarrow 3Fe + 2CO_2 \uparrow$,没法不产生二氧化碳。铁的焦比为 0.38 吨(生产一吨铁所需的碳重)进而算出生产一吨铁所产生的碳排放。以式 $C + O_2 \Longrightarrow CO_2 \uparrow$ 算得一份碳燃烧产生 3.67 份二氧化碳。得出生产一吨铁的碳排放量≈1.4 吨。近几年世界直接还原高炉铁年产量在 7 000 万~8 000 万吨,估算仅炼铁高炉这个项目,造成全球每年碳排放约 11 亿吨。加上钢、钢材和有色金属材生产造成的排放量,共约 20 亿吨。这个数字正在降低。钢铁部门已经淘汰平炉,采用转炉和电炉炼钢,煤气产生的碳排放大大减低;此外,型材和板材的连铸连轧,省去部分中间加热环节;生产过程可减排60％。锻、铸和热处理使用电加热,可再减10％。对无法取消的冶炼还原反应,可改用清洁还原剂,如焦炭改氢,将彻底消灭炼铁的11亿吨碳排,且成品的品质高。此非天方夜谭,人类极有可能获得廉价氢。冶金工业减排前途一片光明。

(三)绿化减排

绿色植物是吸收二氧化碳和生产氧的天然工厂。绿色能源组织呼吁保护一切森林,开展种树栽草。绿化地球,让更多的绿色植物吸碳。70亿人努力参与绿化,滴水穿石减排效果不可低估。

(四)从日常生活努力,直接减排

当前,生产的一件商品,消耗的动力(多从电力)、所需的热能多从化石燃料得来。人们估计了一批数字,认为我们衣食住行使用的每一件东西,哪怕是一张纸、一碗水、一粒纽扣一支笔……都会造成碳排放。绿色环保人士开出过长长的清单,标出每件商品所引出的碳排放,提醒大家减少碳排放从点滴做起、从"我"做起。这个单子未必100％准确(因为计算条件复杂,不易找到十分准确的数据),但这个善举提醒大家:我们生活中有碳排放。保护环境,匹夫有责。少用一个塑料袋、节约一张纸、少开一里路车、随手关灯、不浪费粮食、不随地吐痰、不乱丢垃圾、不乱写乱画……这些小小动作,都是低碳行为。环保人士说:世界75亿人,人均每天减排0.5 kgf,一年可以减排700万吨。(注:kgf读作"千克重""千克力",以质量单位表示重量,俗称"千克")

每样消费或商品引发的碳排,是可以计算的。权威部门没有发布过这方面数据。还是不同绿色环保组织的个人发布的数据,摘录点滴供参考。(每个条目后面的数字为碳排放量kgf)

1. 直接消费能源引起的碳排放

用电1 kWh:0.785

用煤1 kgf:1.96

用天然气1 m³:1.78

用自来水1 m³:0.91

100 W白炽灯亮1小时:0.075

洗燃气热水浴15分钟:0.42

2. 交通工具(折算到人)

开小汽车1千米:0.22(汽、柴油车);0.10(由商用电网充电的纯电动车);

0.00（太阳能汽车）

骑汽油摩托车 1 千米：0.35

骑电动自行车 1 千米：0.055（电能从商用电网充电）

骑自行车 1 千米：0.00

乘长途汽车 1 千米：0.089

乘火车 1 千米：0.054（普通列车）；0.035（高铁）

乘飞机 1 千米：0.275（300 千米以内）；0.220（300～1 000 千米）；0.139
（1 000 千米以上）

乘直升机 1 千米：0.52（按乘客 10 人）

乘飞艇 1 小时：0.50（按乘客 20 人）

乘热气球 1 小时：15.60（按乘客 10 人）

乘轮船 1 千米：0.018（轮渡）；0.034（小客轮）；0.11（游艇）；0.021（滚装客货
轮）；0.12（豪华大客轮，包含豪华设施碳排放）

3. 食物

猪肉 1 kg：2.24；

牛肉 1 kg：35.24；

食用油 1 kg：0.68

4. 用品

纯棉 T 恤衫 1 件：5.00

衬衫 1 件：4.55

牙刷 1 把：0.012

信封 1 个：0.002

环保人士还建议：拒绝一次性用品；提倡垃圾分类；拒绝过度包装；不放鞭炮
烟花；夏季用蚊帐不用蚊香；少开车，多步行或骑自行车；推广竹制家具（因为竹子
比树木长得快）；利用白昼光能，白天能完成的事不放到晚上做；取消碳排放严重
的体育运动如热气球运动、汽车拉力赛。不以善小而不为，不以恶小而为之。

该是作结论的时候了，釜底抽薪，开发清洁能源减排；为碳排放大户减排；
绿化减排；从日常生活减排，实施了这四项措施，温室效应逐渐减弱，而且二氧
化碳等温室气体在大气中的浓度将逐渐降低，气候反常少了，人类就把温室效
应控制得更好了。

"天更蓝、水更清、大地更绿"的一天也就来到了。

怎样把这些小事儿办得更好些

与数学"最佳化"有关的小事儿是很多很多的,有些明显与数学相关,有些表面上看与数学无关,实则相关。把小事儿罗列出来,和读者一起讨论,究竟人们是怎样把这些事儿办得更好些的。

一、 建游泳池省些材料

修建一个矩形游泳池,在池深和水面面积已经确定的情况下,矩形的边长取什么值最省建造材料。这是道数学题。

把游泳池看作上部开口的长方体容器,底和四个内侧面都要用水泥和防漏材料,内表面还要铺瓷砖。因池深和底面积已经确定(底面积等于水面面积),要省材料就让游泳池周长最小。

证明如下:

已知池面积 S 是定值,设为 $S = L^2$,$(L > 0)$。(1)

若最小周长的矩形,设其边长分别是 $L + A$,$L - B$,$(A, B \geqslant 0)$,水面积为定值 S,此时 $S = (L + A)(L - B) = L^2 + LA - LB - AB \cdots\cdots$(2)

以 $S = L^2$ 代入式(2),化简后得 $AB = L(A - B) \cdots\cdots$(3)

从题意,显然 S,L 都是大于 0 的正数;

又 A,$B \geqslant 0$,$L > 0$,$\therefore$ 欲满足式(3),唯有 $A = B = 0$

四个边长相等 即正方形,此时周长最短,做出最省材料的游泳池。

本题也可先证明"周长确定的矩形中正方形面积最大",再推理:

设 1/4 周长为 L,则矩形池水面积 $S = (L + \alpha)(L - \alpha) = L^2 - \alpha^2 \cdots\cdots$(4)

式中 $(L + \alpha)$、$(L - \alpha)$ 为矩形边长,$\alpha \geqslant 0$。 从式(4),两个平方项之差,显然当 $\alpha = 0$ 时,$S = L^2$ 为最大值。亦即周长确定的矩形中,正方形面积最大。与"面积确定的矩形周长最短者为正方形"表达同逻辑。命题得证。

本题还可以用高等数学证明。

二、 裁出容积最大的盒子

一块边长为 L 的正方形薄铁皮,四角都裁掉一个边长 x 的小正方形,然后按图 1 所示,将余下的十字形折向同一侧,做成一个上方开口的方形盒。现在有这样的问题:这块铁皮裁掉的四个小正方形,边长 x 取多大,做出的盒子容积最大? 这是求在约束条件(边长 L 的正方形)下的极值问题。

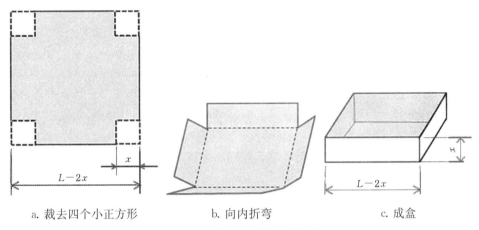

|　a. 裁去四个小正方形　|　b. 向内折弯　|　c. 成盒|

图 1　正方形铁皮折成盒子的示意图

为解决这个问题,我们先看看方盒的容积怎么计算。显然,方盒是正棱柱,对薄铁皮盒子,可按棱柱的体积计算容积:

$$容积＝底面积×高。$$

从图 1c 知:方盒高 x 、底面积 $(L-2x)^2$,可得容积方程

$$V＝x(L-2x)^2 \cdots\cdots\cdots(1)$$

铁皮边长 L 是给定的,从式(1)看,要改变体积 V,唯有改变高 x。开始我们将 x 定得很小,底面积 $(L-2x)^2$ 就大;我们将得到矮胖盒子(图 2a);接着将 x 逐渐增大,则 $(L-2x)^2$ 随之逐渐减小,盒逐渐变高变瘦(图 2b,图 2c)。从式(1),在 $x=0$ 或 $x=L/2$,V 都等于 0。而在 x 从 0 到 $L/2$ 的过渡区间,V 都大于 0,也就是 x 从 0 起连续增大到 $L/2$ 的过程,V 值随之连续变化从 0 变为大于 0 最后又变回等于 0。数学分析表明,变化过程中当 $x=L/6$,对应 $V=2L^3/27$ 最大,即裁去的小正方形边长为 $L/6$ 时,可以做出最大容积的盒子。

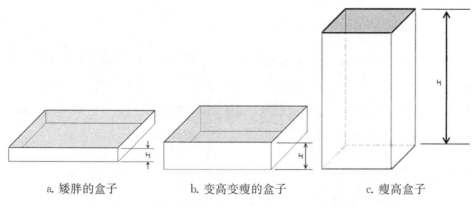

a. 矮胖的盒子   b. 变高变瘦的盒子   c. 瘦高盒子

图2　边长 L 的铁皮做出的不同底面积和高的盒子

图 3 设边长 $L=60$ cm，每隔 1 cm 取一个 x 值，绘 $V=f(x)$ 的函数图象。可以看出：当 $x=10$ cm，$V=16$ cm³ 为盒子最大容积。与结论吻合。

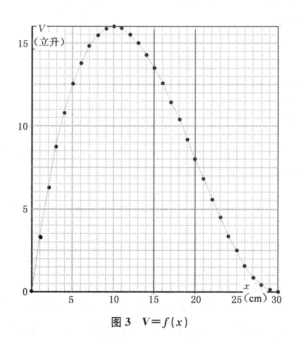

图3　$V=f(x)$

本题是在一定条件下，求函数的极值问题，用数学分析可解。有很多初等函数随变量变化的问题，在日常生活、科学研究、经济管理和工程技术上非常多，求极值是其中之一，一些看起来似是而非的疑问，不能想当然。初等数学解决不了的，有时高等数学可以解决。例如重物沿不在同一铅垂线的两点间无摩擦的约束下降，下降时间最短的约束不是直线，而是一条称"旋轮线"的曲线。

理论和实验证明,旋轮线是最速降落线。这就是很多屋顶侧剖面不是直线而是曲线(近似旋轮线,图4)的原因。这种曲面屋顶在下雨下雪天,雨雪能较快地流下,特别是北方冬季积雪能够较快排掉。故宫的屋顶多是这种曲面,除了艺术美,还可以尽快排走雨雪、冲走灰土,减轻屋面压力。讲究的民居,也有做成剖面近似是旋轮线屋顶的。

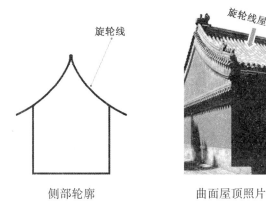

旋轮线

旋轮线屋顶

侧部轮廓　　　　　　　曲面屋顶照片

图 4　古典式旋轮线屋顶

LINK **知识链接:求盒子容积函数 $V=f(x)$ 的极值**

在题目是给定的条件下,式(1)看出,V 是 x 的函数。求最大容积盒子的问题,就是求函数 $V=f(x)$ 在约束条件下的极大值。可以从函数求导得到解答。题解过程如下:

步骤 1. 将式(1)展开,得:$V=4x^3-4Lx^2+L^2x$·········(2)

V 是 x 的幂函数,在区间 $(-\infty,+\infty)$ 连续。

步骤 2. 按连续函数求极值法则,求(2)式的一阶导数,得:

$$\frac{dV}{dx}=12x^2-8Lx+L^2$$

令一阶导数 $12x^2-8Lx+L^2=0$,得 x 两个解:$x=1/2$,$x=1/6$。

步骤 3. 求(2)式的二阶导数,得 $\dfrac{d^2V}{dx^2}=24x-8L$······(3)

以 $x=1/2$ 代入式(3),得 $\dfrac{d^2V}{dx^2}=4L>0$,为函数极小值,非所求。

以 $x=1/6$ 代入式(3)，得 $\dfrac{\mathrm{d}^2V}{\mathrm{d}x^2}=-4L<0$，为函数有极大值即所求。于是可述答案：在题意条件下裁去正方形边长为 $L/6$ 时做成的盒子容积最大。

此时 $x_{\max}=L/6$，代入式(1)，得最大盒子容积：

$$V_{\max}=\frac{2}{27}L^3$$

步骤 4. 我们做一个简单的低级验证，设一个具体 L 值，粗略验证 $x=L/6$ 盒子容积最大。

设 $L=60$ cm，按解答则 $x_{\max}=10$ cm，$V_{\max}=16$ cm^3，

现在 $x_{\max}$ 附近取 $x_1=9.999$ cm 和 $x_2=10.001$ cm 分别代入(1)式

得 $V_1\approx15.999\ 999\ 880\ 04$ cm^3 和 $V_2\approx15.999\ 999\ 879\ 996$ cm^3，都小于 $V_{\max}$。

用数字验证虽然直观，似乎说明了极值，其实未必可靠。从数学理论，本题二阶导数存在，已经证明结论正确，无须用数字再验证。

三、　什么样的生产速度最获利

生产也有最佳值的情况。上海市 2013 年普通高校招生有一道题，解答便知最佳值为什么有时与想象的不一样。题意为：

甲厂生产某产品的速度是 x 千克/小时（$1\leqslant x\leqslant 10$），每小时的获利按公式 $100\left(5x+1-\dfrac{3}{x}\right)$ 元计算。问甲厂应该选取什么样的生产速度，该产品获利润最大。请算出生产 900 千克这个产品的利润值。

解：生产 900 千克所需 $\dfrac{900}{x}$（小时），设此情况利润为 y 元，

则以生产 900 千克所需时间值代入每小时获利公式，得

$$y=\frac{900}{x}\times100\left(5x+1-\frac{3}{x}\right)\cdots\cdots\cdots\cdots(1)$$

得　$y=90\ 000\left(-3\left(\frac{1}{x}-\frac{1}{6}\right)^2+\frac{61}{12}\right)\cdots\cdots\cdots(2)$

从上式(2)看出，当 $x=6$，y 值最大。

∴ 取生产速度 $x=6$ 千克/小时。

以速度 $x=6$ 代入式(2)，得出获利

$$y = 457\,500 \text{ 元}$$

答：使生产 900 千克该产品获得的利润最大，生产速度应取 6 千克/小时。此情况可以获得的利润值是 457 500 元。

这里有人不解，难道生产速度不是快些好吗？ 现实是，有些产品生产未必是越快越好（当然也不是越慢越好），而是保持生产速度在某个允许的区间内，某个中间速度值可能能够获得最佳利润。为什么会这样？ 因为（这里举一些读者易于接受和理解的事例），例如在达到某值的快速运作中，可能增加次品率、废品率，也可能原材料的消费比加大，生产设备的折旧率加大、快的生产速度要增加仓储面积，增加仓储费用，增加单位产品能耗等，这里常常要有经验的管理部门总结。最常见的方法之一，是总结有些"经验公式"，经验公式所表达利润与一些变量的函数关系，是长期生产积累出的，对生产部门和管理部门十分有用。这里这个公式仅有利润和生产速度的函数关系，当然是最简单的了。生产计划中这种事情是很多的，实际情况比题目讲的复杂。

有一门数学叫运筹学，其中的线性规划从数学理论研究这类问题。而一些不易确定的因素，除用数学理论，还要借助经验公式当作策略来解决问题。

欲速则不达。实践告诉我们，好的策略是成功的一半。

四、 变电站建在什么位置最好

平原地区有 A、B 两镇（图 5 的 A、B 两点），都处于一条直行架设的高压线路同侧，平面相对位置示如图 1。规划建一座变电站，从这条高压线下方取电降压，向两镇供电。若两镇用电量相当，且高压线下方各点的安全、环保等条件都相同的情况下，取哪一点作变电站站址最佳？

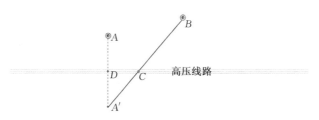

图 5　A 镇和 B 镇共用变电站的最佳站址 C 点

这也是个数学问题。

两镇用电量相当，意味着供电单位长线路的建造费和将来运行损失也相当,故应尽量使变电站到两市的输电线总长最短。这样,若在高压线 l 下能找到一点,满足到两镇距离之和最小,则这一点就是变电站最经济的站址。

这点易求:从平面图的 A 点向高压线路 l 作垂线 AA',交高压线 l 于 D,使 $A'D=AD$,则高压线为 AA' 的中垂线。连 BA' 交 l 于 C,C 点便是变电站最佳站址平面位置。

LINK 知识链接:变电站最佳站位置证明

按图 1 绘制附图,令变电站 C 到两镇线路总和为 S,在 l 线上点再选站址 E 与 F,可看出:

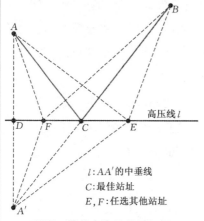

l:AA' 的中垂线
C:最佳站址
E,F:任选其他站址

附图 最佳变电站位置证明

在 C 点
$S_C = AC + CB \cdots\cdots (1)$
在 C 点右侧的 E 点:
$S_E = AE + EB \cdots\cdots (2)$
在 C 点左侧的点 F:
$S_F = AF + FB \cdots\cdots (3)$

证明 $S_C < S_E$;$S_C < S_F$ 就可以了。

我们以中学生作业的格式,证明这道几何题,简述如下。

已知:①直线 l 同侧有 A,B 两点。$AA' \perp l$,交 l 于 D;②$A'D=AD$;③直线 $A'B$ 交 l 于 C,并已规定上述 (1)(2)(3) 式。

求证:$S_C < S_E$,$S_C < S_F$,即 $AC + CB$ 最短。

证明:① 点 A 与点 A' 关于 l 对称,所以可得:

$$AC = A'C;\ AE = A'E;\ AF = A'F(中垂线定理)$$

② 将上行三式分别代入前述 (1)(2)(3) 式,得:

$S_C = A'C + CB$;$S_E = A'E + EB$;$S_F = A'F + FB$,为 A' 至 B 的三条路径,其中 $S_C = A'C + CB$ 即直线 $A'B$。

③ 从几何公理,两点间最小距离为直线。所以

$$S_C < S_E;\ S_C < S_F$$

命题得证。

五、 怎样安排生产取得较好利润

某厂生产 A、B 两种机器,都需使用甲、乙两种原料。每种机器每台所需原料量、每台纯利以及原料现有库存量见表 1。请你帮工厂计划部门考虑,在现有原料库存情况下,如何安排两种机器的生产数目,使工厂获利最高。这是个线性规划问题。

表 1　产品生产参考资料

原料、获利 机器、库存	原料甲	原料乙	每台纯利
生产一台 A 机器	需 4 吨	需 12 吨	200 万元
生产一台 B 机器	需 1 吨	需 9 吨	100 万元
生产原料库存量	12 吨	60 吨	

问题似乎不难。A 机器单台利润高,那就全部生产 A 机器好了。可 A 机器原料消耗多,核算发现,虽然原料乙库存 60 吨,够生产 5 台 A 机器,但原料甲库存只有 12 吨,仅够生产 3 台 A 机器,故最多安排生产 3 台 A 机器,获利是 200 万元×3=600 万元。这里,不能安排生产更多 A 机器,是因为原料甲的库存有限。原料甲的库存是对利润的一个约束。于是,转而考虑全部生产 B 机器。

初看 B 机器的生产原料充足些,多生产有可能获利多。核算发现,虽然库存有 12 吨原料甲,可供生产 12 台 B 机器,但是原料乙库存只有 60 吨,仅能供生产 6.67 台 B 机器之需,机器的台数只能是整数,无奈最多也只能安排生产 6 台 B 机器,可获利是 100×6=600 万元。在这个方案里,是原料乙的库存不够,限制了 B 机器的生产数量。这个方案,原料乙的库存量成了对利润的约束。

由此观之,生产安排的决策问题不是那么简单。计划者必须考虑各种因素,才可以找到在目前已有条件下的获得最大利润的方案。经过计算和比较,最终认定在目前原料库存量情况下,安排生产 A 机器 2 台、B 机器 4 台,可以获得最大利润。表 2 示出了这一方案下的获利和原料消耗预期:生产 A 机器 2 台,使用 8 吨原料甲和 24 吨原料乙,获利 400 万元;生产 B 机器 4 台,使用 4 吨原料甲和 36 吨原料乙,也获利 400 万元。没有超出原料库存量,两种机器共计可获利 800 万元。

表 2　最佳生产计划安排

料与利 计划生产	计划原料耗量		计划获利
	原料甲	原料乙	
A 机器 2 台	8 吨	24 吨	400 万元
B 机器 4 台	4 吨	36 吨	400 万元
总　计	12 吨	60 吨	800 万元

对于不太复杂的问题（本题属这类），可以一个数据挨一个数据地试出最大利润。以本题为例：第一步，假定从生产 A 机器数为 0 开始，这时按表 1 资料，把库存的原料全部都供机器 B 使用，可计算出可生产 B 机器的最大数量，进而计算出在此情况下的总利润（设为 P_0）；第二步，令 A 机器的生产数为 1，按表 1 扣除 A 所需原料，剩下的原料都供生产 B 机器使用，得出可生产的 B 的最大数量，进而可以计算出此情况下的总利润 P_1；依此类推可计算出 P_2，P_3，…。列举可能的全部方案，并计算出各方案的纯利润，可得利润最大 P_{max} 的方案，此方案情况下 A 和 B 的数目，即为所求。这是"穷举法"，即把所有可能的答案都举出，选其中符合题意者（在本题，是挑选利润最大的那个）。对于答案是整数解的情况，穷举法不失为有用的方法之一。但对非整数解的情况，穷举法未必好。第一，答案个数可能无穷，穷举只能在有限答案中挑最合题意者，对无限穷举无能。第二，即使答案个数不是无穷，若题目约束条件多，要考虑的因素多，穷举过程引发的计算可能十分复杂，费时费事，无法快速而正确地解决问题。

本题是运筹学线性规划问题。运筹学研究经济活动和军事活动中能用数量来表达的有关策划、管理方面的问题。在市场经济环境，应用十分火爆。在高等学校，除数理专业和工程设计专业外，生产管理、财政金融、贸易和市场营销等专业，也可以开设运筹学课程。

对这个问题的进一步理解，可以参见下面的计算。

线性规划方法是解决产品计划最佳决策问题的数学方法。

最佳决策是生产 A 机器 x 台、B 机器 y 台，则生产总利润 $P = 2x + y$（单位：百万元）。P 是关于 x、y 的线性函数，称"线性目标函数"。最大的 P 值是期待的目标，本题求解线性目标函数 P 在约束条件（原料的限制）下的最大值，即线性规划问题的解。

解：生产机器的总数受到下面条件的限制：1 生产原料不可以超过现有库存

量,即原料甲 12 吨,原料乙 60 吨。2 机器 A 或机器 B 的生产台数都不能为负数。这些"约束条件"可以用一组方程表达,在本题是一组线性方程(线性约束)。

用数学式表示为 3 组线性不等式,有三个约束条件:

① x , $y \geqslant 0$; 　　② $4x + y \leqslant 12$; 　　③ $12x + 9y \leqslant 60$.

于是问题变成求函数 $P = 2x + y$ 在 3 个线性约束条件下的最大值,以数学式表达为

$$\text{Max } P = 2x + y \quad (1)$$

$$\begin{cases} 4x + y \leqslant 12 \\ 12x + 9y \leqslant 60 \quad (2) \\ x , y \geqslant 0 \end{cases}$$

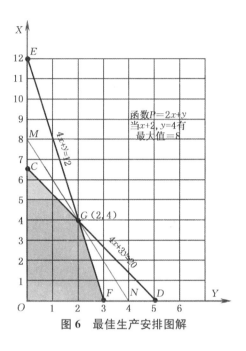

图 6　最佳生产安排图解

式(1)(2)联立用图解法解答(图 6):

1. 选直角坐标系:

作直线 $x = 0$,(即 y 轴)

作直线 $y = 0$,(即 x 轴)

此二线所决定的区域即坐标系第一象限,此区域满足约束条件①: $x \geqslant 0$, $y \geqslant 0$

2. 作直线 $4x + y = 12$(线段 EF)则△OEF 域满足约束条件②;

3. 作直线 $12x + 9y = 60$ 化简为 $4x + 3y = 20$(线段 CD)

则△OCD 域满足约束条件③;

4. 求 EF 与 CD 的交点,即解联立方程 $\begin{cases} 4x + y = 12 \\ 4x + 3y = 20 \end{cases}$ (3)

解(3)　得 $x = 2$, $y = 4$,

此即 CD 交 EF 交点 $G(2, 4)$,则四边形 $OCGD$ 为①②③三个条件的交集,它满足函数 $P = 2x + y$ 所有约束条件。四边形 $OCGD$ 称为目标函数 $P = 2x + y$ 在约束条件下的可行域。注意在本题,可行域由式(2)得出,(2)的三个方程都含等号,所以这个可行域是包括域边界在内的四边形 $OCGD$。目标函数所有的解,一定在包括可行域边界在内的可行域范围中。此外,本题的目标函数是一次的线性目标函数。

5. 将目标函数 $P=2x+y$ 改写为 $y=-2x+P$，这是以 P 为参数的平行线簇方程，对照标准直线方程 $y=kx+b$，这个平行线簇的斜率 $k=-2$，截距 $b=P$。从线簇中找出穿过本题可行域的、截距 P 最大的一条，它就是式(1)，其对应的 x、y 值满足式(2)的约束即 x、y 的最佳值。据此得最佳决策，具体数字可用作图得出。

6. 解释几何证明，穿过可行域的上述平行线簇中截距最大的一条是经过 G 点的 MN。将 G 点坐标值代入线簇方程，得 MN 的方程 $2x+y=8$。既然这条线穿过了可行域的 G 点，所以也一定满足约束条件，G 点坐标是 $(2，4)$，即 $x=2$、$y=4$ 是目标函数方程的最佳解。于是最佳生产计划安排是：生产 A 机器 2 台、生产 B 机器 4 台。

"把事情办得更好"是人的愿望，也是运筹学的目标。怎样把生产安排得最好，往往不是单纯的数学问题，还与产品的社会效益、环保效益、可持续发展有关。我们常看到有的企业放弃高利润产品计划，转而生产利润较低但更环保和更有社会效益的产品。可见不仅要从运筹学，也要从社会的整体发展考虑，才能把事情办得最好。

"运筹帷幄之中，决胜千里之外"，古人以这样的话赞扬有才干者。今人把某些数学计算的优化方法取名"运筹学"。线性规划是运筹学中最简单的一个课题，在日常生活和工程技术中遇到的很多问题，都可以用线性规划来解决。当然并不是每个问题都要通过算式才能解决，有些是用言语、用绘图、用罗列、用排除法等方法解决的。

六、　赶牛过河的最佳方案

牛郎要将四头水牛从河东岸赶到西岸。为了安全，他每次是骑一头牛牵另外一头牛过河，也就是只能赶两头牛过河。过河后，牛郎留下一头牛在西岸，骑另一头牛回东岸，进行下一批的赶牛过河作业(仍是骑一牵一)。这样，进行五次过河作业，可以将全部四头牛赶过河。

题目还告诉我们说，四头牛过河的速度是不一样的。最快的甲牛每过河一次，要花费 1 分钟时间；以下依次是：乙牛 2

图 7　牛郎赶牛过河

分钟,丙牛 5 分钟,丁牛 6 分钟。这里请注意,当两头牛同时过河,为了同时到达,速度快的牛必须迁就速度慢的牛,以慢牛速度过河。这样一来,两头牛同时过河一次的时间,就是慢牛过河一次的时间。现在的问题是,牛郎依次采用什么样的编组过西岸、又骑哪一头牛回东岸,把所有的牛全部赶过河,所耗费时间最少?

我们会不会首先想到,因为甲牛最快,所以不论从过河从东到西还是从西到东,总让速度最快的甲牛作为牛郎的坐骑,这样可能完成任务最费时最少。于是我们设计第一方案,列表计算出过河总时间。

表 3　牛郎赶牛过河第一方案

步　次	过河方向	牛郎赶牛方案	费　时	本步完成后两岸的牛	
				东　岸	西　岸
1	东岸→西岸	骑甲牛牵乙牛	2	丙、丁	甲、乙
2	西岸→东岸	骑甲牛返东岸	1	甲、丙、丁	乙
3	东岸→西岸	骑甲牛牵丙牛	5	丁	甲、乙、丙
4	西岸→东岸	骑甲牛返东岸	1	甲、丁	乙丙
5	东岸→西岸	骑甲牛牵丁牛	6		全部

总共费时:2+1+5+1+6=15(分钟)

从上表计算,完成一趟赶牛任务总费时 15 分钟。这是不是最快的呢? 从运筹学计算,这不是。最快的应该是下表的另一方案。

表 4　牛郎赶牛过河另一方案

步　次	过河方向	牛郎赶牛方案	费　时	本步完成后各岸的牛	
				东　岸	西　岸
1	东岸→西岸	骑甲牛牵乙牛	2	丙、丁	甲、乙
2	西岸→东岸	骑甲牛返东岸	1	甲、丙、丁	乙
3	东岸→西岸	骑丙牛牵丁牛	6	甲	乙、丙、丁
4	西岸→东岸	骑乙牛返东	2	甲、乙	丙、丁
5	东岸→西岸	骑甲牛牵乙牛	2		全部

总共费时:2+1+6+2+2=13(分钟)

这是最佳方案,这个方案完成整个赶牛任务总费时 13 分钟。我们可以实验,没有比 13 分钟更省时的方案了。这方案最佳的奥妙在第三步,将最慢的丙丁二牛同时过河,避免慢牛拉快牛的后腿。这也是一个运筹学问题,这说明,我们解决问题不能"想当然"。

　　如果用计算机解此题,因为是整数解,编组方案有限。如果不采取计算技巧,用穷举法举出全部方案并计算时间,选最佳者。编程十分容易。

七、 速查伪金币称量策略

图8　混有一枚假币的 N 枚金币

N 枚金币中有一枚外形与真币一样的假币,假币略轻。可用天平以称重方法找出假币。请设计一个使用天平的策略,在最不顺利的情况下,找出那枚假币,使用天平称量的次数最少。

有很多种称量的策略可以鉴别假币,下面举出四种进行分析:

办法一

使用砝码将硬币一枚枚地称,最轻的就是假币。当运气最好时,称一次就找到假币。而最不顺利时,从第 1 枚称到第 $N-1$ 枚都是真币。当然不需再称,便断定第 N 枚是假币。最不顺利的情况是使用天平 $N-1$ 次。

办法二

以一枚硬币当砝码,将硬币一枚枚地称。只要当砝码的一枚不是假币,最不顺要称 $N-2$ 次。

办法三

二分法,这里假设硬币总数 N 是 2^n(即 $N=2,4,8,16,32,\cdots$)。第一步将 N 枚硬币均分为两组,每组 $N/2$ 枚,分置天平两端,则假币所在的那一组必然较轻,含假组有 $N/2$ 枚硬币。查找范围缩小到 0.5;依此类推使用天平称量找假,含假范围就缩

天　平

硬币　　　　砝码

图9　查找假币的工具

小为 $N/4$,$N/8$,……这是衰减很快的数列,最后剩 2 枚硬币在天平称量,轻者为假。算出使用天平次数 $k=\log_2 N$。

　　实际上硬币总数是随意的。使用二分法时若某次称量硬币是奇数,应从中

拿掉一枚，得到偶数硬币再用二分法称量。若平衡，便断定拿掉的一枚为假。但这不是"最不顺利"的情况，应该排除，所以拿掉的是真币。继续依此二分法进程，最后是两枚硬币比较，轻者为假。使用天平次数 $k = [\log_2 N]$，（此时 $N \neq 2^n$，$\log_2 N$ 不为整数，外加方括弧表示只取方括弧中整数部分，如 $N = 50$，$\log_2 50 = 5.64$，则 $k = 5$）。

办法四

三分法（图 10）。首先假设硬币数 $N = 3^n$，将硬币分三组，以其中两组分置天平两端。若不平衡，则确定假币在轻端；若平衡，则假币在第三组，这样，使用天平 1 次，就将找假范围缩小到 1/3；使用天平 2 次，找假范围便缩小为 $N/9$；……一个衰减更快的数列。最后一次是三枚硬币，任取其中二枚称量：不平衡则轻者为假；平衡则未参与称量者为假。这样使用天平次数 $k = \log_3 N$。

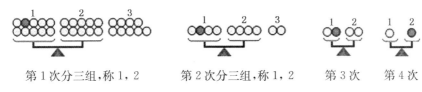

第 1 次分三组，称 1，2　　　第 2 次分三组，称 1，2　　　第 3 次　　　第 4 次

图 10　三分法查找假币的策略（设红色者为假币）

实际每次称量前硬币不一定是 3 的倍数，所以分成 3 份的币数可以：令其中两份相等，第 3 份数量尽量接近它们。同理因为"最不顺利"情况，第三份应全是真币。依此方法称量，最后剩 2 枚或 3 枚，称量一次便可找出假币。容易算出使用天平次数 $k = \lceil \log_3 N \rceil$，符号"$\lceil \ \rceil$"表示取上整数。举例：如硬币数 $N = 29$，则 $\log_3 N = 3.065$，$k = \lceil \log_3 N \rceil = 4$，表示三分法在 29 枚硬币中找出一枚假币，需使用天平 4 次。其分组方法可以以图示说明如下：

第 1 次将 29 枚分 3 组：第 1，2 组各 10 枚，第 3 组 9 枚，称得假币在第 1 组；第 2 次将含假的第 1 组 10 枚再分 3 组，第 1，2 组各 4 枚，第 3 组 2 枚，称得假币在第 1 组；第 3 次将第 2 次含假的第 1 组又分 3 组，其中第 3 组为 0；第 4 次看图便知。

以上的介绍具普适性：同类事物中找出特征个体有多种算法。在软件学科，相同的数据处理可以用此策略。好程序中常有好算法，能大大提高计算机资源利用率。数据库和通信软件大量使用优秀算法，可收得到事半功倍的效果。

算法属于编程技巧。《算法》是一门专业基础课,计算机专业都有开设。

三分法是用天平找出假币的最佳算法。规律易循,按上面介绍的公式,244～729 枚硬币中混入一枚假币,仅需使用天平 6 次,便可以将它找出。

八、 怎样获得最佳行车时速

(一)自行车最佳踏频

自行车靠双脚的往复运动,变换为链轮的旋转运动。这是一个曲柄连杆机构,变往复运动为旋转运动。骑车人腿是连杆,脚蹬是曲柄。曲柄使中轴链轮旋转,通过链条带动后轮,后轮与路面摩擦力的反作用力,推动自行车前进。成人在平地骑车,踏频大约是 60～70(运动术语"踏频"指每分钟踩脚蹬旋转次数),腿脚力量能够得到最好发挥。对具体个人,这个数字略有不同。体质好者最佳踏频能达 80;对专业运动员或能超过 100。车赛不限踏频,运动员按自己的最佳踏频(通常≥100),选用不同变速比的档位参赛,让能力得到最好发挥。

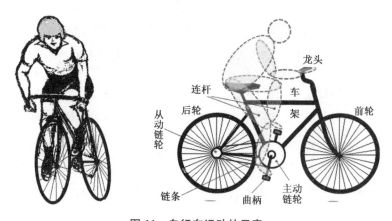

图 11　自行车运动的示意

乍一看,"蹬快/蹬慢"可调车速。骑车上坡,根据功能原理,比平路骑车多做功,费劲,那就蹬慢些。结果是感到很不得劲,腿脚一股一股地不均匀使劲,车速也在快慢间震荡,颇感不畅,容易疲劳。倘若我们骑可变速自行车,上坡换上恰当的慢速挡位,继续保持平路上的踏频,人会感到轻松多了。在我国还是"自行车王国"的那会儿,有的厂生产一种可换一个挡位的普通自行车,低挡速度是正常挡的约 80%,在北方农村很受欢迎。北方平原的道路常有不陡的小坡,以自行车作交通工具的农民,骑这种两挡位的车,平路用普通挡,上坡换低速挡,基本保持平路踏频,感觉良好,省力不别扭。

为什么会有踏频的最佳值,牵涉到人体的肌肉运动和人体内部代谢。营养物质如糖、脂肪、氧气等怎样才能获得最佳利用,专家可以从运动生理学的理论,给出科学解答:中等身材的骑车人最佳踏频多数在 60~75。

(二) 汽车的最佳时速

司机希望用较小油耗,行驶较多的路。从物理学观点,汽车燃料的化学能转变为机械动能。同一高程行驶的交通工具,动能做功不获得势能,而是消耗于摩擦:车轮和路面的摩擦、车上机件间的摩擦及车体和空气的摩擦,此外就是发热和燃烧不完全的能量浪费。按行车单位里程能耗来分析:车速低,发动机的负荷率低,汽车内部摩擦损耗和散热耗费能量占比大,单位里程油耗大;车速过高,气缸内油雾与空气混合不均,难以充分燃烧,少量油雾从废气中排出浪费,另外高速行车空气阻力迅速增大,所以单位里程的油耗也大。实践证明,车速过高或过低,单位里程的油耗都高,高速和低速之间存在一个油耗较低的行车速度,这就是经济时速。

经济时速的获得,关键是让燃油在气缸中完全燃烧。理论上,助燃空气和燃气的质量比为 14.7,可实现完全燃烧。实际上气缸进气速度飞快,在这个比例下,雾化的燃油和空气很难瞬间混合均匀实现完全燃烧,总有少许得不到助燃空气的油雾随废气放散而浪费,所以混合气中的空气应比理论最佳配比略多,实验证明空燃比在 16.3 左右有完全燃烧。以前以化油器实现油雾与助燃空气混合,难以保证这个值。现在电脑控制的"电喷"燃油输送系统,能很好地解决完全燃烧的问题。该系统收集燃油、空气和废气等多个物理参数和化学参数作为传感信息,交由电脑,实现各种转速和车速下油气混合比、喷射时长、点火时间等的闭环控制和开环控制,较好地达到燃油完全燃烧,解决了获得经济时速的主要问题。其他的问题就是司机操作和对车子的保养了。这里,经济时速应改为最佳时速。前者容易叫人理解仅是省油,而后者还应包括降低机械磨损、延缓车子老化和行车安全。要顾及行车安全,只有行车安全才有"最佳"可言。例如高速行车后的滑行或下坡滑行,是有节油效果的。以空挡滑行甚至踩开离合器滑行,可能省一些油,但有安全隐患:一是这种情况下方向盘掌握常不稳;二是一旦出现突发情况,刹车全靠摩擦片摩擦制动,制动距离大,易造成事故。稳重的司机带挡滑行,省油可能略少,但制动较好较安全,对摩擦片的损伤也小。

发动机的积碳会严重影响最佳时速。"积碳"产生的原因很复杂，主要是燃烧不完全，点火时间误差，油温低，冷却水温不正常。在非高温下，在进气门、气缸、活塞、喷油嘴、火花塞、管道等处残存燃料的挥发，留下油中蜡质、胶质沉积、尘埃等产生的含碳物质。日积月累，形成粗壳，称之为积碳。积碳会引起喷油不畅、气缸磨损、点火时间误差，是增大油耗的因素之一。积碳的起因很复杂：如燃油标号与车型不匹配；燃油和机油质量低劣，采用劣质添加剂；点火时间不当，车辆频繁起动/停止；气门密封不良，造成机油的渗入；怠速频次大、时间长。积碳是很坏的东西。它会降低发动机功率，增大油耗，使冷启动困难，燃烧室积碳严重的还会引起气缸爆震，对活塞及曲轴造成损害，影响汽车安全。再就是排放超标。

积碳与驾驶技术、车辆保养关系密切：要采用汽车牌号要求的燃料油标号；要用合格的润滑机油，冷启动给发动机预热的时间不要太长；行车时，气冷却水温保持在 90 ℃附近，以免润滑油黏稠度过大，以保持活塞与缸壁间有最佳润滑；燃油、机油和空气滤清器要定期维护，以保证油品和助燃空气的清洁，防止颗粒物进入气缸。

依车型的不同，轿车最省油的经济时速在 70～90 千米。有的高档次车这个值虽然在 120 千米以上，但如果路况不佳，制动/起动频繁，速度增减幅度很大，频繁刹车发热、机件磨损，都会加大油耗。在路况不佳的情况下，无经济时速可言。

严格来讲，经济时速不一定是最佳时速。最佳时速要考虑各种速度下的安全、机件磨损与气缸积碳，要既安全，省油磨损又最小。自动变速车、无级变速车、低速运行过频的车，都达不到同型手动变速车的最佳水平。最佳时速通常在高速公路上实现，这与驾驶技术和车况有关。燃料应使用车型要求的标号，关注转速表，使保持在最大转速的 1/3～2/5（如 2 500 转/分）。燃料充分燃烧，曲轴输出最大的扭矩；高速时要挂高挡，不挂低挡高速行车，都是最佳时速的必要条件。

气压不足，会增加轮胎与地面的摩擦，增加油耗，所以要经常检查轮胎压力。轮胎充氮可避免橡胶慢性腐蚀从而降低内胎慢性渗漏，保持气压，减小路面摩擦。这些也与最佳时速相关。车身经常打蜡，可以减小空气阻力。

杂志和媒体有很多关于车子驾驶和保养的内容可供参考，希望有车族多学习些汽车构造的知识、驾车和维护的好经验，让车常常行驶在最佳状态。

九、 怎样烧开水省燃料

（一）燃料烧开水能耗分析

分析水壶外部燃料或电烧水，热能的分配情况：

（1）热能加热壶壁，间接加热壶水。这是我们的目的；

（2）灶具有热容，需要的初始加热；烧水过程中，灶具不断向外散热；

（3）壶壁温度高于周围，向周围热辐射；壶外空气运动从壶壁带走热量；

（4）火焰向周围热辐射；火焰废气在空气中扩散，带走热量。

这么说，热能并不是 100% 用于烧水，相当部分的热能在空气中散失浪费了。上述的热能浪费，如果灶具已经选用，第（2）点就不必讨论了。

第（3）点与壶壁的表面积有关，壶与空气接触的表面积越大，热能浪费也越大。相同容积的几何体中，球的表面积最小。考虑到水壶有一个面必须和火焰接触，这个面做成平面。其他做成半球形。所以工厂大多生产近似半球形的水壶（图 12），降低壶壁与空气的接触面积，降低散热浪费。球形也利于冲压成型，节约材料。辐射原因的热能浪费与烧水时间有关，烧水时间越长，辐射浪费越大。

图 12　当今常用烧水壶形状六例

第（4）点是热能浪费的主因。要知道燃烧时，占空气含量约 20% 的氧气助燃参与燃烧，成为火焰成分，而占比 80% 的氮气不助燃，不是火焰的成分，它们被白白加热到上百摄氏度，带着热能在壶外空气中耗散。烧水时间越长，这部分浪费就越大。火焰加热的能量利用率远不足 50%，促使人们研究"富氧燃烧"。

多年来很多人在研究燃气灶具的节能，我们仅就烧水火焰讨论，从现实和经验出发，锁定某一种灶具，以半球形水壶为例作一分析。

（二）火焰与燃料耗量关系的试验

为了得到不同大小的火焰下，燃气烧水最节约，做个家庭烧水试验。我们用简单方法计算燃气流量,将火焰分成 5 个等级:微焰、小焰、中焰、大焰、特大焰,用电子式万用表的热电偶温度计测量温度,测出冬夏两个季节燃气烧水的数据。下表为半球形壶盛 3.5 升水,用家庭燃气灶具以图 13 示的五种火焰烧开水,从 20 ℃到沸腾测得所耗燃气。表中燃气流量是用计算方法算出的,计算方法是:燃气流量(升/分钟)＝每壶燃气总耗量(升)/该壶烧开时间(分)。

图 13　五种不同大小的火焰烧水

试验数据表

室温:冬季 8 ℃,夏季 32 ℃;水温 20 ℃

火焰等级	燃气流量(升/分)	季节	沸腾所费时间	总气耗(升)	每升水的气耗(升)
微　焰	1.56	冬季	2 时 10 分 05 秒	201	57.4
		夏季	1 时 50 分 02 秒	162	46.3
小　焰	2.4	冬季	1 时 06 分 11 秒	158	45.1
		夏季	56 分 01 秒	134	38.3
中　焰	4.2	冬季	23 分 15 秒	95	27.1
		夏季	20 分 05 秒	89	25.4
大　焰	6.0	冬季	15 分 15 秒	92	26.2
		夏季	13 分 13 秒	79	22.5
特大焰	8.74	冬季	12 分 10 秒	105	30.0
		夏季	10 分 12 秒	90	26.0

理论上,1 升水从 20 ℃到 100 ℃需 80 大卡热,而 1 升天然气热值约 8.3 大卡。从上表计算,最大能量利用率不到 30%。下面分析各类火焰与气耗的关系:

(1) 微焰。单位时间给壶的加热的热量小,给周围辐射热量以及与周围空气的对流热交换也小。但是当灶具耗散和壶壁耗散时间长,特别是冬季环境温度低,水接近沸腾时,冷热空气对流加剧。热量耗散特大,可能出现水壶获热与散热平衡,永远烧不开水。微焰烧水,热能浪费大,单位容积水的燃气耗最大。

(2) 小焰。与微焰烧水相似,可用相似分析,但小焰给壶水的热量比微焰大了近一倍,水温上升速度快一些,壶水达到沸腾的时间短一些,热量耗散时间也就短。单位容积的水的燃气耗量比微焰小。

(3) 中焰。热能分配情况比微焰和小焰都好,对流热耗散虽然多一些,但是加热时间短一些,效果不错。单位容积水的燃气耗量低。

(4) 大焰。明火大但不窜出壶底定为大焰。这时的火焰面积大、温度高,水温上升速度快。加热和散热时间都短,传导和辐射给壶底的热量比例明显高于前两种,燃气利用率提高,单位容积水的烧开燃气耗量低。

(5) 特大焰。有明显的火焰蹿出壶底,火焰付出热量更多,加热时间更短,但火焰外露,对流与辐射耗热陡增,虽然沸腾时间短,但由于火焰蹿出壶底,大量热能让无用的高温氮气带走浪费。单位容积水的燃气耗量高于大焰。

有兴趣的读者不妨试一试。由于灶具、燃气和环境的不同,试验数据会有出入,但"**大焰烧水最省燃料**"的观点可能得到认同。

(三) 电力烧开水

电力烧水利用电流通过电阻发热、铁磁物质涡流发热或微波热效应,间接把水加热烧开。"热得快"和电水壶烧水,没有火焰烧水时无用的氮被加热、浪费大量热能之弊,能量利用率>95%。当线路能力许可,大电流快速烧水,容器辐射散热时间短,浪费更少。实践证明,烧水用电比用燃料经济、易控、安全、环保。

最高效的方法是将大表面导体作两个电极,直接插入盛在绝缘容器的水中,水中杂质电阻导电发热烧水,电能利用率近100%。这种方法不适用于直流电源,以防杂质电解,与电极化学反应使水质变差。用交流电源烧水要注意安全,人体不要接触水面。

怎样把对比表达得更清晰些

人们在数据处理时,常常需要把一些同类的事物放在一起,进行排队比较,实现某个目的。学校将学生成绩比较,为的是决定奖学金人选;防疫站统计某流行病每天发病情况,为的是制定防疫方案;商场、工厂、机关……乃至个人,都可能有这类数据处理的事儿。让我们做一个数据对比的练习题:

请罗列动物的自然寿命,作为研究人类寿命的对比参考。

这个题目太过庞大了! 要知道地球上已发现的动物就有数百万种。我们只能简之又简,仅选若干种脊椎动物,试做这个题目。就用熟知的代表十二生肖的动物吧,调查它们的生存寿命,作参考数据罗列。

肯定有很多方法实现这个工作。我们挑选常用的三种分述之。

一、 文字直述法

这是最简单的方法,将了解到的动物寿命数据资料,在文章里一条一条地直叙,写下去就是了。这样,生肖动物大致的平均自然寿命便可罗列如下:

鼠 3 年;牛 24 年;虎 17 年;兔 6 年;龙[1] 112 年;蛇 30 年;马 36 年;羊 13 年;猴 28 年;鸡 9 年;狗 13 年;猪 10 年。

这批数据量很小,作研究参考,这样提供也就可以了。若是数据成千上万,这种罗列会让使用数据的人眼花缭乱,视觉疲劳,影响工效。

文学作品写数据却常如此,特别是旧小说,作者总喜欢直述数字系列内容。《西游记》第九回,卖卜人袁守诚预报长安天气,他将布云、发雷、下雨、雨停时间、雨量等数据,口若悬河地预报得巨细无遗,精确水平简直超过现代气象台;《三国演义》作者罗贯中帮诸葛亮杜撰的木牛流马,结构尺寸数据详尽得无可挑剔。这些小说的数字描述,读者不仅得不到要领,反而感到烦琐,便一目十行扫过这些数字,接看下面内容。大家知道这数字不含半点科学知识。可见,文中直述罗列大量数据,不易给人好印象。

二、　表格法

数字系列内,相同性质的数字有内在联系。直述法忽略了这种联系。使用行-列的二维(也有三维或多维的)表格,强调了数据的内在联系,按行-列可查到所需内容。比上法逻辑性强、方便、好记。上题用可作表格如下:

表　十二生肖动物平均生存寿命比较

序号	1	2	3	4	5	6	7	8	9	10	11	12
动物	鼠	牛	虎	兔	龙	蛇	马	羊	猴	鸡	狗	猪
寿命	3 年	25 年	17 年	6 年	112 年	30 年	36 年	12 年	28 年	9 年	13 年	10 年

这个方法给我们的印象比方法 1 要深。但是这里只有 12 个数据,如果数据很多,阅读仍会感到吃力,得到的印象还不很清晰,不容易造成感性记忆。这时,我们可以使用更好的方法,例如棒形图等。这就是方法 3。

三、　图形法

还是这个题。用坐标纸,定刻度单位每小格 2 年。绘矩形"棒"表示数据,棒长占坐标的格数就代表数据的大小,绘出横向棒形图(图 1、图 2),作十二生肖动物寿命比较如下(注:图中我们添加了人的寿命"棒"作参照)。

两个棒形图让我们耳目一新:它们清晰地表示了十二种脊椎动物的寿命,以及它们与人寿命的比较。较之方法 1 和方法 2,使用棒形图,眼睛和脑筋轻

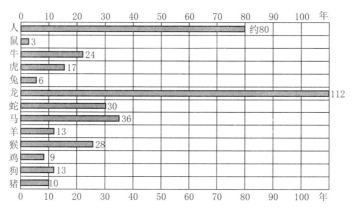

图 1　人寿命与十二生肖动物平均寿命比较(以生肖排序)

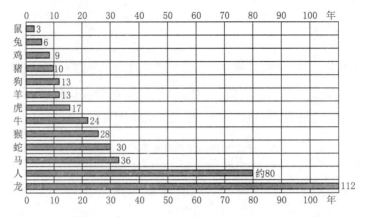

图 2　人寿命与十二生肖动物平均寿命比较（以寿命长短排序）

松多了。棒长表示它代表的动物的寿命。更方便按条件找目标：如要找寿命 10 年到 20 年范围的动物，选棒端横坐标在 10 和 20 之间对应的哪些动物，便找出：猪（10 岁）、狗（13 岁）、羊（13 岁）、虎（17 岁）。棒形图若用电脑排序，被比较数据通常置于数据库，电脑按阅读者要求选用不同排序方式制图，方便、快捷、准确。

棒形图用在数据比较、数据排序、数据实况、数据发展趋势……是很好的方法，在统计工作中被推崇。计算机进入人类的生活以后，这个方法如虎添翼，一大批实用软件被推出了，微软的 Office2000 电子表格 Excel，帮助用棒形图的数据处理者得心应手。非计算机专业人士，不是统计工作者或数学能力强的人，也能经短期训练后，绘出数据比较的精美棒形图。这种软件，是我们认识数据

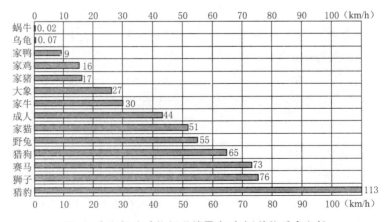

图 3　人和部分动物行进的最大时速（单位千米/时）

世界工具库中的一个小锐利工具。应该说,没有发明更好的方法以前,棒形图法及其他相似的图形法能把数字对比表达得更好。

再举几个例图,认识棒形图和它的用途。

图 3 绘的是成人与一些陆地动物快速(跑)行进最初 10 秒的时速,用棒形表示。我们看了,是不是对这些动物的速度形成一个鲜明印象?

图 4 是某小学五年级(117 人)数学测验成绩分档统计棒形图。教学工作中,教学管理人员和教师常需掌握学生的学习情况,将学生成绩分成若干档次,从考试成绩中了解各学生归属哪个档次,也从各个档次学生人数的多寡,作为评估教学参考。成绩分档,多数学校使用"成绩分档统计棒形图",这是个好办法。在成绩分档统计棒形图,横坐标是成绩的档次,纵坐标是这个档次的人数。图 4 按下述规定做出:学生成绩分为 13 个档次:40 分以下为第一档(含 0 分和 40 分);此后每 5 分一档;即 41 分到 45 分为第二档;46 分到 50 分为第三档;……类推 96 分到 100 分为第十三档。教师阅卷评分后,便可统计得出每档的学生人数。确定棒形图的每个档次的棒高,教师通过手工,使用坐标纸绘棒形图,或由计算机软件制成了棒形图。值得指出的是,档次的划分没有统一的标准,除了按 5 分一档分档外,有的学校将满分划分 6 个档,每 10 分一档,小于 60 分为不及格档,100 分为满分档。其余 60 分～99 分再分四档统计。纵坐标也可用百分比刻度,则每档的棒高就代表了该档的人数占总人数的百分比。

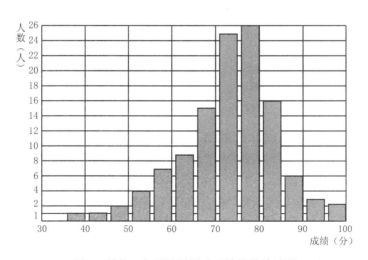

图 4　某校五年级数学测验成绩分档统计图

　　从本例的棒形图,可以容易看出,这次五年级 117 人数学测验成绩档次分布:65 分到 70 分档(第七档),有 15 人;71 分到 75 分档(第八档),有 25 人;76 分到 80 分档(第九档),有 26 人;81 分到 85 分档(第十档),有 16 人。再看 95 分到 100 分(最高档)只有两人;最低档(40 分以下)只有一人。呈现出成绩在中间档的人数多,第八档(25 人)和第九档(26 人)合计 51 人,占年级总人数的 43.5%;最低(1 人)和最高(2 人)档的人数少,"中间高两头低",这是概率正态分布[2]的特点。教学经验告诉我们:如果班级考试成绩近似正态分布,说明试题质量满足要求,考试与教学配合得当。

　　图 5 是根据 2015 年国家质检总局公布的商品车召回数量绘出的排行榜(隐去厂家,仅绘商标)。不用说更多的话语,人们一看标题,就知道它说明了什么。

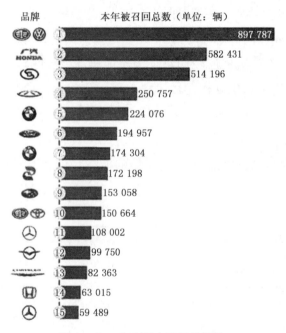

图 5　2015 年商品车召回排行榜

　　图 6 绘有饼形图、棒形图、折线图数据对比,表意非常清楚,不作另外说明我们一定可以读懂。不信试试。其实绘图方法很多,没有什么紧箍咒约束,怎么表示最清晰,就怎么绘。我们也可以发明。

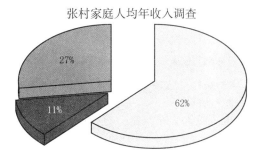

① 张村家庭人均年收入调查

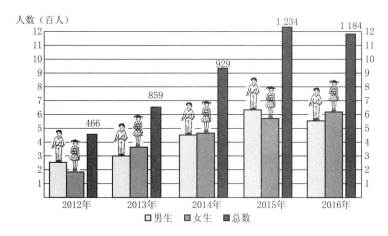

② 艺术学院近 5 年招生人数统计

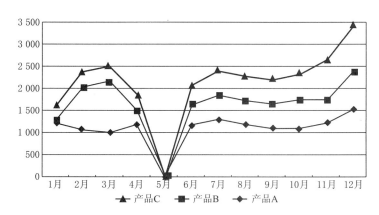

③ 某厂 2015 年月产值叠加折线图(单位:万元)

图6　图形法三个供参考的图形(注:5 月全厂设备检修停产)

LINK 知识链接[1]：关于龙

"龙"这种动物，作为图腾被崇拜。有学者认为，生肖中"龙"的原型是鳄，如咸水鳄或扬子鳄一类动物。本文以鳄大概的自然寿命作为龙的寿命数据。

LINK 知识链接[2]：正态分布

"正态分布"是自然现象。同类的系列数据出现两头小中间大的情况：例如，中国成年男子身高多数在 1.7 米左右（以 1.65 m～1.75 m 为一个档次）占此人群总数的 40％，而 1.2 m 或 1.95 m～2.05 m 的人就极少。体重、生育情况、生产与科学实验中很多随机变量的概率分布都可以近似地用正态分布来描述。在生产条件不变的情况下，产品的强力、抗压强度、口径、长度等指标；同一种生物体的身长、体重等指标；同一种种子的重量；测量同一物体的误差；弹着点沿某一方向的偏差；某个地区的年降水量；以及理想气体分子的速度分量，等等。一般来说，如果一个量是由许多微小的独立随机因素影响的结果，那么就可以认为这个量具有正态分布（见中心极限定理）。从理论上看，正态分布具有很多良好的性质，对我们认识自然有帮助。

它让我们在公共场所更安全方便

一、 靠万国语言，你找到了

你去某国旅游，走下飞机，也许上厕所是你的第一需要。这里，我们假设你不懂该国语言，看不懂指路牌的文字；没有翻译，你问不了别人。和来自不同国度的其他外国人一样，靠遍布机场航站楼的"万国语言"——公共信息的图形符号，而不是靠图形符号下面的文字（符号下可能有外文标注），你很快找到了厕所。按最左的大图形你找到了厕所；按右边三个小图形，你选择了自己应该去的那一个。在国内遍地皆是的、你常不在意的这些小图形符号，这次它们让你受益了。"它们还真管用！"你心里说道。

LAVATORY

MEN WOMEM

FREE

图1　厕所的四个图形符号（符号下的注明语可能是所在国官方语种）

《公共信息图形符号》是国际标准化组织 ISO 在 20 世纪创建的，为的是让不同国籍、不同语言、不同文化层次的人在公众场所行动方便。这套图案优美的图形符号简明悦目，如同一群小精灵，一见就容易联想它们所表达的含义。它们在公众场所大显身手，被亲切地称为"万国语言"。

二、 助人为乐的小精灵

公共信息图形符号被世界上很多公共场所采用。人们赞誉它是跨国往来的好帮手。图案通俗易懂，跨越语言和文化障碍，引导人们在公共场所的活动。看着那些在道路旁、交通站点、广场商厦、车辆船舶、旅游区等公共场所张贴或悬挂这些符号,不同文化背景的人对同一个符号有相同的理解,大家走近了,增进了友谊和理解,万国语言得到了很好的诠释。

我国国家标准 GB/T10001.1《标志用公共信息图形符号》,参照 ISO 图形标准制订,绝大部分与 ISO 的图形符号相同。我们在行路、乘坐交通工具、参观、旅游、购物……已经享受过这些图案——万国语言带来的便利了。

图形标志每个图案说明的一个内容,虽然可附加文字,但要使不懂这种文字的人也能读懂,只能靠图,所以万国语言的通用性体现在"图"而不在"文"。图案综合了心理学、生理学和艺术多方面考量,是合乎美学原则的实用艺术品。ISO 标准图形符号有数千个,其中公共信息图形符号约 500 个,道路交通图形符号约 400 个,都与日常生活关系密切,在公共场所不同程度地出现。图形符号有五个系列的设计,我们从每个系列中选取小部分图案,分类举例介绍。

三、 我国标准图形符号五个系列举例

(一) 公共信息系列(图 2)

本系列用于公共服务:包括旅游、环境、交通、购物、医疗、运动……本系列的对象是人,提示方向、行动、服务点和服务内容等。400 多个图形符号绝大部

图 2　公共信息系列图形符号举例

分与 ISO 标准兼容。图案可以单独使用或组合使用,图形和背景不规定颜色,但二者反差应大,如深底浅色图案或浅底深色图案,悬挂在公共场所或需用场所醒目处。图案近旁可以加或不加说明文字,增加或不加边框。

服务台(图案反白)　　入口(图案反白无外框)　　紧急出口(图案镜像绘制)

图 3　图形符号允许的变化举例

(二) 警告系列(图 4)

本系列为强烈警告,对一切人员和车辆都有效。示意进入警示区域可能发生图示的严重后果(如火灾、跌倒、触电、爆炸和人身伤亡事故等)。图案黑色,置于黄底黑色宽边正三角形内,三角形下方标以警告文字。

注意危险　当心触电　当心爆炸　当心行人　当心滑倒　当心火警　当心火车

图 4　警告系列图形符号举例

(三) 禁止系列(图 5)

本系列是强制性的,禁止施行图案所示的行为,对一切人员和车辆都有效力。本系列图形符号表明,图案所示行为损害公众利益、导致灾害或危及人身安全。规定图案为黑色,置入白底红色宽边圆环中,环内有通过圆心的 45°红色斜杠,示意图案所描绘的内容不是建议,而是禁止。

禁止吸烟　禁止烟火　禁止游泳　禁止通过　禁止饮用　禁止鸣笛　自行车禁行

图 5　禁止系列图形符号举例

(四) 指令系列(图 6)

本系列为强烈建议(如饭前应洗手,在某环境应系安全带,中高压电器必须接地等)。不采纳建议可能出事故。规定图案颜色为白色,背景是蓝色圆。部分标志适用于车辆。

应洗手　必须上锁　必须接地　机动车可行驶　应戴手套　应系安全带　应环岛运行

图6　指令系列图形符号举例

(五) 提示系列(图7)

此类图案置于服务设施所在点,指示服务内容或安全导向。图案白色,背景绿色正方形者为安全和医疗服务,背景红色正方形者为消防安全设施。图形符号下方加设说明文字。设置在固定的公共场所和车、船等交通工具。

急救点　急救电话　急救医疗　担架放置点　火警按钮　灭火器

避险处　可使用明火　可击碎面板　紧急避难点　顺时针旋转　淋浴处

紧急出口(左前方)　紧急出口(正前方)　紧急出口(正前方)　紧急出口(右方)

图7　提示系列图形符号举例

以上例图,多取自公共信息图形符号 ISO-7001 及我国标准 GB/T10001,少数摘自道路交通安全图形符号 GB/T5768。在大规模应用场合,这些图形符号配合国际标准 ISO 28564-1《公共信息导向系统—第1部分》使用,产生更出色的效果。21 世纪初,北京奥运会和上海世博会使用这个导向系统,给不同国籍不同肤色的人带来行动上的方便。那时,万国语言成了交流的友好使者。

生活中的简易测量方法

我们常需知道一些物理量。有些量的测量要用专门工具和技术，缺少就难以进行。不过，某些情况下，可以想办法完成一些测量难题。下举几例：

一、 细丝的直径

普通尺不便测量电线、铁丝等圆柱形线材的直径。建议找一根等径的长圆柱棒，如小硬管、笔杆、圆铅笔等，按图所示将细丝以螺旋状紧缠棒上（图1）。注意缠绕时尽力将每两圈螺旋紧靠，中间没有空隙，绕上数十圈后用尺测量螺旋管长，算出直径。图1铜丝在金属管上绕29圈，得螺旋管长30 mm，则铜丝直径＝30 mm/29≈1.034 mm。

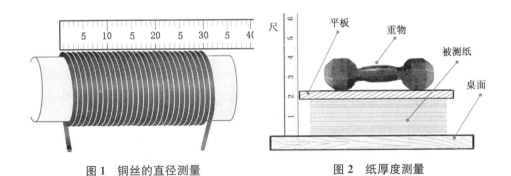

图1 铜丝的直径测量　　　　图2 纸厚度测量

二、 单张纸的厚度

除非用专门量具，如游标卡尺、螺旋测微器和千分尺等，单张纸厚度不易测出。建议用图2所示的方法。将一摞纸（尽可能多一点，例如200张）整齐平放在平整的桌面，上压平整等厚的木板或玻璃板，板上再加压重物以防纸层松弛。用尺可量得这摞纸的总厚度，图示为200张纸，码放高度为18 mm，则每张纸厚是18 mm/200＝0.09 mm。

三、 手掌的体积

手掌形状不规则,可用以下简单方法测量手掌的体积:

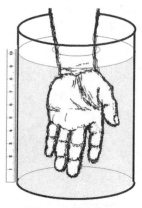

图 3　手掌的体积

水位法。计算某些不可割开的几何体的部分体积和重量。图 3 示测量手掌体积:在内底面积为 S 的柱形玻璃容器中置入适量的水,用尺量出一个水位 L。将手浸入容器,水位上升至 L_1,则 $S(L_1 - L)$ 就是手的体积。

称量法。在没有放入手之前,将装水容器放置台秤上称重,这时台秤指示容器和水的总重 G 克。你再将手掌放进去,注意不要接触容器,台秤将指示一个新的重量值 G_1 克。则 $(G_1 - G)$ 是手放入后重量的增量。这个增量是水对手的浮力,据阿基米德原理,浮力等于手排开水的重量。显然手的体积和它排开水的体积相同。因浮力＝排开水的重量＝$(G_1 - G)$。已知水比重为 1,即 1 克水 4 ℃时的体积是 1 cm³,所以 $(G_1 - G)$ 克水的体积就是 $(G_1 - G)$cm³,即手的体积。虽然称重时未必用的是 4 ℃的水,但室温下水的比重近似为 1,误差很小。

四、 头部体积和重量

由于人的个体千差万别,头部占人体总体积的比例,随人种、年龄、性别、体质、胖瘦等因素差别非常大,没有按体重计算头部体积和重量的标准公式。设人体重为 S;头部体积为 a、重量为 a_1,用下法可求(参看图 4):

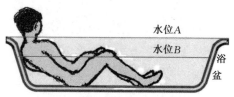

图 4　水位法测量头重方法 1

头部体积。被测者身躯浸入浴盆,头部外露。测得水位为 A,然后走出浴盆,水位下降至 B。这时往浴盆加水使水位再升回 A。所加水量就是人体水下部分身躯体积,设为 b;接着再用这个方法,由被测者连头带体全部浸入浴盆(参照上图,不再绘图),测得人体总体积,设为 v。则人的头部体积 $a = v - b$。

头部重量。因为人体头部以下身躯平均密度约 1 千克/升(不同个体略有差别),所以上图测得的 b 在数值上等于身躯质量(现在人们日常将质量单位千克用作重量单位)，所以人的头部重量：$a_1 = S - b$(千克重)。

五、 圆孔内径和圆柱外径

图 5(上)画了某材质上一个直径是 φ 的圆孔。将薄铁片整平，剪成等腰直角三角形，三角形斜边粗估应大于孔径。三角形上画很多与斜边平行的线。测内径时如图示放入圆孔，让三角形斜边垂直柱孔的母线，读者便可知道为什么画这些平行线。在孔边与三角形接触点的直角边上画下记号，拿下三角形片便可量出一个相当准的直径尺寸。对于浅孔，三角形顶点可能触及孔底，可按图 5 右上将测量三角形片做成梯形片。

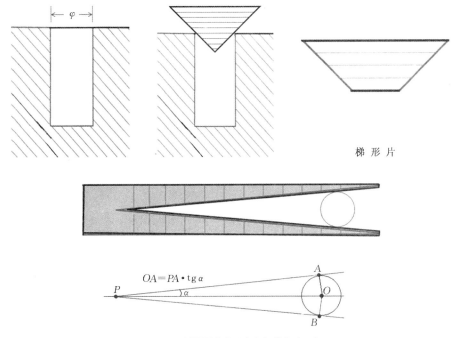

梯 形 片

$$OA = PA \cdot \mathrm{tg}\,\alpha$$

图 5　测量圆内径(上)和外径(下)

图 5(下)是自制测量圆柱直径的量具，用厚金属片制作，开口角为 2α。测量时，将被测圆柱置入量具口中(图 5)，量具片应与圆柱轴线垂直，记下片上切点 A(图 5 下)的位置，量出角 α 顶点 P 与切点 A 的距离。则圆柱半径 $OA = PA \cdot \mathrm{tg}\,\alpha$。 直径 $d = 2PA \cdot \mathrm{tg}\,\alpha$。 (建议顶角 2α 取 $23°$，此时 $\mathrm{tg}\,\alpha \approx 0.2$，$d \approx 0.4PA$。 可在量具片刻下各点对应的直径值，如在 $PA = 1$ cm 处刻 0.4；$PA = 2$ cm 处刻 0.8……直接读数)。

六、 大楼高度

我们常常想知道一些建筑物如大楼的高度,有多种简便的测量方法,举三种:

(一)几何法

找一个内径为 $2R$ 的圆柱形开口小容器盛入水,让水面距离容器顶边为 R。在离楼不远、与楼地坪 C 同高处找到一点 B,放置盛水容器的 B 点应满足:眼睛正好从容器边沿看到被测楼的顶点在水中的倒影。则测量点到楼的距离就是楼的高 h。证明如下:从图6 右上水罐的放大图,楼顶点 A 的光线从水面反射满足反射定律,入射角等于反射角,都是 $45°$。忽略小容器的高,将 $\triangle ABC$ 绘在图 6 上方,可见 $\triangle ABC$ 是等腰直角三角形,$AC = BC = h$。 但是当 B、C 间距离不便测量(如有障碍物或水沟之类)时,可在 CB 延长线上再找一个测量点 D,仿效测量点 B 从容器顶边沿看倒影的方法,向容器加水使 AD 与水平交角等于 $30°$ 而找到 D 点。则楼高 $h = 1.93BD$。 证明:从图 6 上方 $\triangle ABD$,$\angle ABD = 135°$、$\angle D = 30°$、$\angle BAD = 15°$。 从特殊 $\triangle ACD$,$AD = 2AC = 2h$,$CD \approx 1.73h$,$\therefore BD \approx 1.73h - h = 0.73h$;用正弦定理从 $\triangle ABD$ 便可求得楼高 h。经计算化简后,$h \approx 1.93BD$。

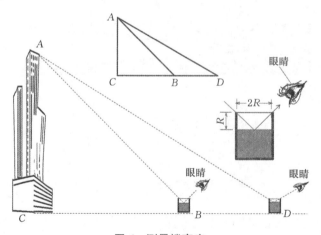

图 6　测量楼高度

(二)物理学方法

在有条件从楼顶丢放自由落体的建筑,两个人配合可以快速测量楼高。甲乙二人各持能准确到 1/10 秒的秒表(多数手机都有秒表功能),同时启动,然后甲到楼最高处,乙到地面。甲将钢珠自由落下,同时按下秒表。乙在地面观察,在钢珠落地瞬间按下秒表。则乙的秒表读数减去甲的秒表读数,就是钢珠从最高处落至最低处所费的时间,记为 T,按自由落体公式,楼高 $H = (1/2)gt^2 \approx 4.9T^2$,如测得 $T = 4.1$ 秒,则楼约高 91 m。用此法测高应选无风或微风时日,疏散周围人群,特别要注意测试安全。

(三) 算术计算法

适用测高层居民楼,从两层间人行楼梯的阶数、每阶的高度以及整栋楼的层数求得。显然,楼高＝阶数×阶高×层数＋电梯房高。对非居民楼,有些层高度不同,如旅社、医院等底层高,楼高公式是:

楼高 ＝［一般层阶数×(层数－1)＋底层阶数］×阶高＋电梯房高。

这个公式已经考虑了楼板厚度。

举例:某 30 层居民楼层间楼梯 18 阶,阶高 16.5 cm,屋顶上电梯房高 4.2 m,则该楼高 $= 16.5 \times 18 \times 30 + 420 = 9\,330$ cm ≈ 93 m。

测量阶高最好多测量几个阶,取它们的平均值,可减少误差。

七、 球的直径

有人用线绳绕球一圈,在相交处剪断。测量绳长除以 π 即为球的直径。这样操作比较麻烦且不易测准。迅速和准确的方法是找两片相交成直角的平面,例如两堵平整的墙、箱子柜子的直角等。按图 7a 所绘,将一张白纸叠成直角,以胶纸紧贴墙角。

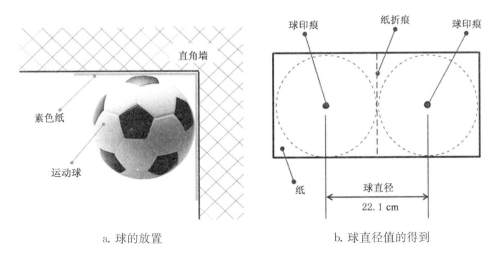

a. 球的放置　　　　　　　　b. 球直径值的得到

图 7　运动球类直径测量

将充足气的球与墙角接触处附近贴两片医用胶布,布面涂少量水粉颜料;将球靠向墙角的纸(图7a),注意涂有颜色的胶布挨着直角边。这样,白纸上将留下两个沾有水粉颜料的小圆点。拿开球,揭下纸摊平。纸上两个圆点间的距离就是球的直径。图7b测量的是足球,直径约22.1 cm。

八、 时间:用白碗和毛衣针制太阳钟

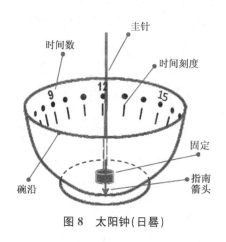

图8　太阳钟(日晷)

碗是中心对称的几何体,在它的对称轴位置竖立一根金属毛线针(称"圭针"),将它固定粘牢(图8)。阳光下圭针在碗内的影子随时间移动。我们用油漆在碗内底中央画上一个"指南箭头",这个箭头必须指向南方。置碗于阳光下,对照准确的钟表,每个小时记录圭针在碗内的影子位置,用油漆标明时间数字,就制成太阳钟——日晷。有阳光的日子便可用这个钟。

九、 肺活量

肺活量是人体健康的指标之一。人尽最大能力吸气后,再尽最大能力呼出,呼出气的体积就是肺活量。一个脸盆、一个容量5升左右的透明塑料壶、一根内径5~8 mm的一米长软管,便可制成简易肺活量计。测量时将塑料壶口朝上装满水漫至壶口有溢出时,拧紧壶盖。然后将壶口朝下,放入盛有10 cm左右水深的脸盆,在水中拧掉壶盖(这时水会保持满壶不流下),就可以测量肺活量了。请看图9,将软管一头用手捏紧不让进气,保持管口高于水壶顶面。将管的另一头从脸盆水内插入塑料壶。被测者尽最大能力吸气后,以嘴含着捏紧的软管,松开捏管的手同时向壶中尽力吹气直到吹不动,再次捏紧软管,用笔标记这时壶内的水位。壶中的空气体积是肺活量。这个体积可以事先标记,方法是将壶

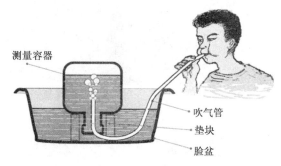

图9　肺活量测量

正常平放,定量加水。每加入 100 cm³,在壶外用油漆画一道水平线并标记体积数字,最大计 5 000 cm³ 即可。通常成年男性正常肺活量在 3 500~4 000 cm³,成年女性在 2 500~3 000 cm³。

十、　野外识别方向

在野外,有时需要知道方向,而身边又没有指南针。如果是白天并且有阳光,就可以借助指针式手表和太阳做一个指南针。办法是:将表平放,时针指向太阳方向,再设想数字 12 和表中心有条连线。则这条连线和时针形成一个 $\leqslant 180°$ 的角,角的平分线指向南方。角平分线好找,数一数表的刻度对半就是。用牙签或火柴放置其上,便成手表指南针。原理是:每天中午 12 点,太阳在正南方,它准确地每 24 小时绕地球"走"一圈——$360°$,而我们的手表时针每 24 小时在表盘上"走"两圈——$720°$,太阳走的角度只有手表走的角度的一半。所以当在正南的太阳离开 12 点,转角 α,对着太阳的时针只离开正南 $\alpha/2$。你就可推知这个手表指南针的原理了。

图 10　简便指南针

许多手机也利用地磁设置有指南针,为人们出行提供识别方向的便利。

十一、　汽车/火车时速

乘客要知道车辆平均时速,可以用手表测出。在车内注视车窗外公路(铁路)边有里程碑的一侧,以车窗边柱为参照线,当一个里程碑与参照线重合,读取秒数,到下一个里程碑与参照线重合,再读下一个秒数(最好用秒表或有计秒功能的手机),得出这段时间间隔 t 秒。则车在这段路的平均时速(千米/小时)就是 $3\,600/t$。读者可以推出这个时速公式:公路(铁路)边里程碑通常 1 千米(千米)设置一块,用 t 秒时间走完;而 1 秒＝1 小时$/3\,600$。

十二、　步行了多远

"计步器"是记录人走路步数的仪器。当要知道自己赶路或散步走了多少路,可用计步法:路程＝步距×步数。这是因为常人走路的步长,在体力好和体力下降时涨落不大。有人用计步法估算所走的路程,准确率达90%。用手机的计步功能,或买专门计步器,需要时随身带。打开计步功能,走完后按公式便算出路程。

你事先应测出平时步距 f:方法是走 100 步量出所走距离 d,则 $f = d/100$。例如你的 $f = 0.41$ 米,今天散步 4 877 步,则所走路长为 $4\,877 \times 0.41 \approx 2$ 千米。

如何让刀更锋利

一、 一把好刀

刀剑是古往今来经久不息的话题。

今天,使用好刀的人,有时会对自己那把既锋利又耐用的刀赞不绝口:"好刀! 好刀!"使用劣质刀的人,常埋怨自己的刀不够锋利,不得不经常磨,磨快后再用,用不久又钝;再磨再钝;再钝再磨……

要实现拥有好刀的愿望,还得从金属刀具的微观结构说起。

二、 刀具的微观结构

钢是金属晶体,结晶过程中,原子排列成两种立方晶格和一种六方晶格。碳或合金元素则挤在一种叫"面心立方"的晶格中,在 910 ℃时,这种晶格称奥氏体。热处理骤冷"淬火",奥氏体转变成含碳过饱和的"α 固溶体"——马氏体。马氏体

图1 切菜刀

是长方体晶体结构,结实稳固,硬而脆,不易变形。马氏体比例高,钢的硬度就大,制成的刀锋利、耐磨。刀具钢是经热处理易形成恰当马氏体的钢种。

刀具钢至少有两大类:碳钢和还含其他元素的合金钢。它们分别适合不同用途的刀具。工业刀具用于切削金属,形状独特,耐磨、硬度大,削铁如泥,多用高碳钢、合金工具钢如 $CrWMn$、$9SiCr$、$W18Cr4V$ 或非铁的硬质合金制作。医疗用手术刀片要求小而薄、锋利而光滑,常用不锈合金钢 $9Cr18$。篾匠的篾刀、木匠的斧头要厚重,宜用中碳钢和低合金工具钢。鞋匠的皮刀、理发师的刀剪要求轻巧。厨师的厨刀、百姓的水果刀和随身小折刀,都要求锋利耐用,一般用 45 号碳钢或低合金钢如 $40Cr$,更好是合金钢 $3Cr13$,再好可用 $4Cr13$。军刀用 $9Cr18Mo$。好刀具用的钢多含铬。(注:上文斜体字为钢的牌号)

三、 煅打和热处理

不是有了好钢,铁匠将刀煅打出来,磨快就好用的。好钢煅造出来的刀,还要经过几道"热处理"工序,才能有合适比例的马氏体,变得坚硬,磨得锋利。热处理不到位的刀具,不是容易卷刃,就是刀口脆、易崩裂出缺口。

古人也造过优秀的刀剑。最先用青铜铸剑,冶铁技术发明后,从生铁炼出中低碳钢,煅打成剑坯,再放入高温的、碳纯度很高的木炭炉内"煅炼",目的之一是"渗碳",让炉内碳元素渗入剑坯,在一定深度形成高碳钢表层,为淬火后得到马氏体准备条件。然而含碳量又不能太高,否则钢会变脆、失去韧性且磨不锋利。渗碳温度、时间及热处理方案,全凭造剑师决断。造剑师的水平高、经验丰富、火候看得准,渗碳量就均匀合适,可造出好剑。

剑坯煅打成形,但煅打特别是低温煅打,虽然也形成一些马氏体,但机械力使晶粒滑移错位、晶粒拉长、破碎和纤维化,出现所谓的"加工硬化"现象,搅乱了钢中晶格的正常排列,内部结构发生无序畸变,形成内应力,材质变得硬而脆,容易崩裂,不能直接磨快用作刀具。必须加热坯材,让微观粒子作热运动使晶格恢复有序,消除加工硬化。这是第一步热处理——"退火"。

退火是将煅打后的坯材加热达到一个"临界温度",这个温度对不同品种的钢种有所不同,通常在 $700\sim800\,℃$。在临界温度保温一段时间再缓冷到室温,便消除了加工硬化,坯料内部组织变细密均匀,韧性好,但马氏体也变少了,硬度降低了,不能满足刀具的要求。必须进行下两步的热处理——"淬火"和"回火",增加马氏体结构,使刀坯回复到高硬度并保持韧性好的状态。

淬火是将刀坯加热到临界温度以上(按钢质不同加热到 $800\sim900\,℃$,如 $CrWMn$ 钢为 $830\,℃$;$9SiCr$ 钢为 $850\,℃$)并保持一定时间,然后在水、油或特种液体中急速冷却,使坯内形成大量的马氏体。但淬火后脆性变大,不宜直接作磨成刀。需再作缓热—缓冷的"回火"处理,也就是将刀坯置入 $150\sim200\,℃$ 的回火炉,保温适当时间,然后自由冷却到室温。这样可以消除绝大部分内应力,以降低脆性提高韧性,改善钢的力学性能。关于热处理各阶段的温度、保温时间、淬火介质的选用等,按照在理论指导下和实践中形成的一套工艺规范,可以达到我们需要的性能。

四、古人剑和今人刀

古人造出优品的青铜和钢制刀剑，文艺作品将它们渲染得神乎其神。其实古人的刀剑远远不如近代。那时造剑，凭的是造剑工匠的个人经验；古代没有准确的钟表，计时凭估计；没有温度计，测温凭眼力；没有热处理的科学程序，凭工匠师傅估计火候，主观因素的干扰非常大，制出的产品品质不稳定。

今人生产刀具的工序几乎和古人一样。但今人有精炼冶金炉、热处理炉、化验技术和计控技术，能够按科学冶炼金属、设计热处理制度，保证刀剑的品质。现代工厂那些削铁如泥的机床刀具，是现代冶炼科学和热处理技术的结晶，古代技术不可与之同日而语。古代优秀的匠师如欧

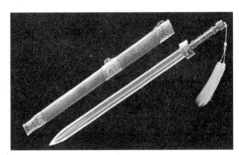

图 2　现代生产的仿古宝剑

冶子、干将、莫邪，造出的极少数名剑，受当时科学技术条件的限制，是不大可能优于现代刀剑的。

现在可以购买到今人造的非常锋利的仿古宝剑，如福建松溪的湛卢宝剑、浙江的龙泉宝剑、河南的棠溪宝剑等，每柄的价格从数千元到数万元不等。这些纯手工打造的宝剑，原料是现代化冶炼的优质钢，煅打和热处理除工匠师傅的经验和诀窍，还有现代的测温、测时、热处理和检验技术。有充分的理由说，这些现代名剑绝不亚于它们的老祖宗。实践证明，古籍记载的削铁如泥的宝剑是确实存在的。用现代好剑斩断直径 8 mm 的钢筋是平常事。国产仿古名剑，已经远销海内外了。

如果不直接购买仿古刀剑，又想使自己的刀剑出类拔萃，必须按需选择钢种，请名匠手工煅打外形并热处理，取得硬度和韧性合适的刀剑坯；以砂轮粗磨，最后手工精心磨砺，就可能拥有心仪的持久锋利、坚固耐用的好刀剑。

把度量衡制度选得更好些

一、 度量衡与人

生活中,人不可避免地频繁和度量衡打交道,我们常听到、也会常说到一些家常话:"这个月烧了 30 立方煤气""这套房子面积 125 平方米""这辆车每百千米油耗是 6.8 升""我身高一米六七,体重 56 千克"……可见度量衡和人的活动很密切!

计量是人们为精确认识世界而产生。各民族在发展过程中,建立了各自的度量衡制度,这些制度千差万别。经过历史的沉淀,目前世界上主要有公制(米制)和英制两种度量衡制度。

二、 不同的度量衡制

公制又称米制,是十进制的。长度单位是"米",曾规定以存于巴黎国际计量局的"米标准原器"为准(新规定改为"$1/299\,792\,458$ 秒的时间间隔内,光在真空中的行程长度")。英制源于英国。欧洲大陆、中国、日本等大多数国家使用公制;英、美、英联邦国家和部分非英联邦国家,使用或部分使用英制。制的不同,给科技交流、文化交流和商贸往来造成不便,是社会进步的一个障碍,已经造成并正在继续造成技术资源、物资资源的持久浪费。

以我国为例,很多部门有国产设备和从日本、欧洲进口的设备,也还使用一些英制设备。前者符合公制度量衡规范,后者则使用英制度量衡规范。两种制式互相不兼容,即使是同种设备的同类零部件,也不能互换。如果一个部门兼有公制和英制两种制式的设备,维持两种制式设备的运行,要比维持单一制式要费事得多。不仅技术部门要掌握两套技术规范,仓库必须配置两类备件,维护部门要制订两套维护规程,维修工也需预备两套工具,如扳手、丝锥、板牙、千分尺等。举例来说,公制螺栓使用外径和螺距来定标准;英制螺栓则以外径和每吋螺栓的"牙"数来定标准。一台英制标准的机器,不能使用公制的标准件。

直到 20 世纪中叶,我国很多老厂同时有两种制式的机床,都因此在维护和修理方面吃过苦头,增加了生产成本。有的国家在这方面的苦恼尤重。如埃及有三种不同制式的战机:美制 F16、俄制米格 21 和法制幻影 2000,且不说它们的零件,单就仪表指示,英制的航行高度是英尺,公制是米;航速英制是迈尔(mile/h)、公制是千米/时(km/h)⋯⋯还没有上战场,军方在培训上就要多付代价。

不久前有人从美国带回一个电咖啡壶,回国一插上电源就烧坏了。内行知道,美国标准电压 110 V 的咖啡壶,接上中国标准的 220 V 电压,电流增大一倍,当然顷刻烧毁。因为标准不同,闹出事端来的还有:曾经有些人错将外形相近的公制螺母代替英制螺母,套在英制螺栓上,虽然勉强可以拧上若干扣,最后还是出了生产事故⋯⋯

我国早在两千多年前,秦始皇就颁布法令,统一华夏度量衡制度,极大地推动了秦汉时代经济发展和民族融合,为建立一个中央集权的强大帝国作出了贡献。秦汉统一度量衡,长度单位有引、丈、尺、寸、分;体积单位有斛、斗、升、合、(龠)、勺、撮;重量单位有石、钧、斤、两、铢。尽管不同地域和不同朝代的量值有些差异,但是这个统一的制度却一直延续数千年。

国际上的度量衡的公制(米制),质量基于千克,长度基于米。由法国在 18 世纪首创。1875 年,法、德、美、俄等十七国代表在巴黎签订公约,公推米制为国际通用度量衡制度。我国是推行米制最早的国家之一。1928 年 2 月,国民政府规定米制为我国标准度量衡制;1959 年,国务院再次确认米制为我国的基本计量单位。

米制是科学的度量衡制度。

长度主单位为米(metre 或 meter,简写 m)。长度是巴黎国际计量局内的铂铱合金制成的标准米尺在 0 ℃时两端标线间的距离,等于通过巴黎的子午线长度的 4 000 万分之一。1960 年国际计量大会又规定:米等于光在真空中以 299 792 458 分之一秒时间间隔内所行进的路径。

容量主单位为升(liter,简写 L)。为一千克纯水在标准大气压下密度最大(4 ℃)时的体积。这个体积等于 1 000 cm^3。

质量主单位为千克(kilogram,简写 kg)。为保存在巴黎国际计量局内的铂铱合金制成的砝码——标准原器的质量。

米制的优点是:①单位选取有可靠的严格标准;②各基本单位间有密切联系;③采取十进制,符合人类计数进位习惯,使用方便。

我们不时接触到英寸（inch）、英里（mile）、品脱（pint）、磅（pound）、加仑（gallon）、盎司（ounce）等英制计量名词。也常看到听到"石油每桶……""黄金价格每盎司……"等信息。这里的容积单位"桶"和重量单位"盎司"属于英美的度量衡系统（1桶＝42加仑＝458.97升，1盎司＝31.1035克）。英制进位十分混乱，无规律可循，仅举长度为例便可证实：1英里（mile）＝320杆（rod）；1杆＝5.5码（yard）；1码＝3英尺（foot）；1英尺＝12英寸（inch）；1英寸＝1000密尔（mil）。容量和重量的计量进位混乱程度更甚于长度的计量。

英国普通的计数也有使用十二进制的：管12个为一打（dozen），12打为一箩（gross＝144个）。绅士们似乎不大喜欢十进制。1971年2月以前，英国的货币就是非十进制的。如1英镑（pound）＝20先令（shilling）；1先令＝12便士（Penny）。直到1971年2月，在当时执政的工党政府推进下，英格兰银行才将货币进位改革为十进制，1英镑（pound）＝100便士（new Penny）。但度量衡进位制不改。在要求以公制计量单位统一世界度量衡的呼声下，欧盟意识到英国和爱尔兰进位混乱的度量衡制度给共同市场带来障碍，以及因障碍造成了资源浪费，在1979年通过指令，要求英国和爱尔兰在2009年年底前逐步淘汰传统的英制，改用公制。这引发了保守势力的反对，打着捍卫传统旗号的反米制运动在英国和爱尔兰轰轰烈烈地展开了。欧盟也不得不做出让步，在2007年9月提出建议，允许英国和爱尔兰两国在有限范围内无限期使用品脱、英里、盎司等英制度量单位，以尊重这两国的文化传统。英国国会虽然最后通过了执行欧盟指令的决议，度量衡也逐步进入改公制计量体系的进程，但英国最近宣布退欧，是否会给进程带来变数就不得而知了。传统英制单位对中国影响是大的：××时电视机、×磅热水瓶；车时速是××迈等说法至今仍有。这里，时（inch）、磅（pound）、迈（mile）分别是长度、重量、时速的英制单位。

三、 统一世界度量衡制度

基于英制的毛病，以公制统一世界度量衡，拆除人为壁垒，提高生产、生活和贸易效率，学术界和很多政府部门都在促进用公制改造世界计量。时间和角度等常用非度量衡单位，为分割方便不做十进制改变。另外，极少专用单位：长度单位——海里，重量单位——克拉，速度单位——节、马赫以及巨大无比却十分粗略的长度单位——光年等，与生活关系不甚密切，也在继续使用。

目前英、美、爱尔兰、利比亚、缅甸和中国香港全部或部分使用英制。美国不受欧盟约束。黄金交易、石油期货市场被使用英制者垄断。经济优势和技术优势绑架世界，"盎司""桶"照用不误。殚精竭虑推进公制的专家们除了无奈，别无良策。

看来，为了提高资源效率，统一使用科学的公制度量衡制还需时日。

工程师怎样把意图表达准确

——谈"工程师的语言"

一、 一部电影引发的思考

20世纪有部叫《秘密图纸》的电影,讲的是特务企图偷窃我国一份重要图纸,公安人员与之斗争的故事。故事情节曲折精彩,很好看。当年是中学生的我们,不懂为什么图纸这么重要,敌人处心积虑要得到它,公安人员竭尽全力要保护它。现在懂了,图纸中原来精准地保存着重要的科技成果!

人类制造的许多东西,小到一块手表、大到十层楼高的远洋邮轮;简单到一个玩具娃娃、复杂到高级机器人,都是由许许多多大大小小的、我们称之为"部件""零件"或"元件"的东西组成的。它们有的粗大,如水压机的牌坊,高十余米重数百吨;有的小巧,如集成电路模块,必须用显微镜才能看清内部结构。它们都遵从科学原理、有条不紊地在机器里各司其职,配合工作。多亏专家和工人,用智慧与勤奋,创造出这么多的好东西供人享用。令人感兴趣的是:制作这些部件、零件、元件的,多半不是发明家和设计师本人,而是其他人。以机械零件为例,多少形状复杂、尺寸精密的零件,制作者凭什么做得和设计师想的毫厘不差,准确地在机器中配合工作呢? 凭的就是图——工程师为每个零件的制造而绘制的、被誉为"工程师的语言"的设计图。它们是准确地表达发明人和设计者意图的无声语言。

二、 精准的工程师语言

图1a 齿轮实物图

图1是某机器的一个零件——圆锥齿轮(为节约篇幅未把整张图纸附上)。让我们来看看,这里的"工程师的语言",是如何表述这个齿轮全部信息的。

请见图1a CAD绘的圆锥齿轮外形(本文绘出,仅供读者认识零件参考,制造并不需要,零件图通常也不绘出)。图1b是零件图的主体部分,用多种线段、符号、

基本参数

m	z	a	d	δ
5	15	20	75	45

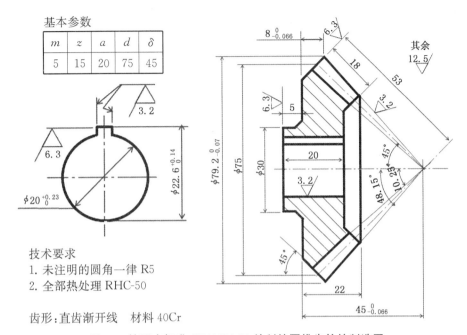

图 1b　按国家标准 GB12371-90 绘制的圆锥齿轮的制造图

技术要求
1. 未注明的圆角一律 R5
2. 全部热处理 RHC-50

齿形:直齿渐开线　材料 40Cr

数字和文字,表述零件的外形尺寸和加工要求,的确是巨细无遗,天衣无缝,说明了这种"语言"的严谨。严谨首先是"标准化"。我国颁布了一系列工程制图的"国家标准"(仍在不断修正中),各个专业合格的设计人员和制造人员,都必须熟知自己专业的各项国家标准。它们就是工程师语言的语法规则,具有法律性质,有关人员必须熟悉并且严格遵守。上述圆锥齿轮的零件图,是依据中华人民共和国家标准的规定成图的,它表述这个零件的信息是:

(1) 齿轮外形、中心剖视、详细尺寸,这是图纸主体;

(2) 齿轮制作材料:40Cr(一种合金钢牌号);齿形。列在图左半部下;

(3) 锥齿轮基本参数(如齿数、模数等。技术解释略)列在图左半部上;

(4) 零件表面加工粗糙度要求(含在带"把"的倒三角形上附的数字中);

(5) 热处理要求:洛氏硬度 HRC46-50(这是一个技术指标)列在图左下半部中;

(6) 绘图依据:中华人民共和国国家标准 GB/T 4459.2-2003。

这就是制造本圆锥齿轮的全部信息。同样地,这台机器的其他零件,也都有自己的零件图,同样以图为主,精准地一一传达零件制造的全部信息。一个或几个视图居然能表达丰富的技术内涵,这是科学技术的高度进步。

三、 工程师语言的"语法"

"工程师语言"的"语法"是严谨的。以机械图为例,除图中文字必须遵守所使用语种(如汉语、英语)的语法和书写规则,数字和自然科学符号必须按各学科的规定外,对图中线条的线宽、线型、尺寸标注;技术术语;制图比例、图纸幅面和格式、制图标题栏、材料明细表、字形字体、剖面与断面的画法;键、齿轮、螺纹、弹簧、焊缝等的表示;符号、标准件、精度、加工要求;公差配合;……在国家标准的机械制图规则,有数以百计的规定,下举几例:

(1)绘图纸可以选用 5 种基本幅面,分别是:A0、A1、A2、A3、A4。如果图形特殊,也允许使用由基本幅面的一边加短边尺寸的整数倍,构成新的幅面。

(2)绘图线宽可选 0.18、0.25、0.35、0.5、0.7、1、1.4、2 mm;线型有实线、虚线、波浪线、双折线、点划线、双点划线。规定了图内线段用何种线型表示,如可见外形轮廓线用 0.5~1 mm 粗实线、中心线用 0.25 mm 细点划线;尺寸线、尺寸界线用 0.25 mm 细实线;金属剖面用 0.18~0.25 mm 细实线;……

(3)尺寸线不可相交;尺寸数字单位为毫米;尺寸数字前加字母 Φ 示直径、加 R 示半径,加 S 示球面、加 t 示厚度、加"□"示正方形……规定角度标注使用度(°)/分(′)/秒(″)制:1 圆周角 $= 360°$、$1° = 60′$、$1′ = 60″$;等等。

手绘或计算机辅助设计(CAD)绘图规范相同。CAD 更贴近规范。

一个机器的所有零件,除标准件可在市场购得外,都必须有零件图。零件图都包含本零件的全部属性。制图符合国家标准,制造者有图便可制造。

全部零件制造完成后,进行整机装配。整机和整机的部件都有装配图。装配、调试和测试也有国家标准。无须多讲,装配图和零件图一样,同样用"工程师语言"周密描述,见图便可施工。一切按国家标准依规行事。

四、 把意思表达得更精准

语言是表达思想感情的工具。研究语言文字的著作浩如烟海,每年每月还在增加;每年有成千上万篇的论文发表。然而,再多的理论,没能制止自然语言常出现的不准确现象和多义性;人们时因表达意愿不确切而误事、造成矛盾甚至打官司;工程师的语言,却不能有"也许""可能""大概""差不多""估摸着"等模棱两可的词汇。对某些加工尺寸允许有误差范围(公差与配合),必须注明具体误差数值。科学语言是不可以有多义性的,丁是丁卯是卯。语法准确得无可挑剔,准确率100％。本文举例机械专业图,其他专业也不例外。在工程技术领域,工程师的语言——工程设计图能把设计意图表达得最完美!

它们把数学概念表达得最好

一、 自然语言的困难和数学语言的创立

数学是研究数量关系和空间形状的科学,由于它高度的抽象性,缜密的逻辑性,仅用日常的自然语言(不管哪国语言,即使是表达能力相当强的汉语)描述复杂的数学问题,也相当不容易。但是,若用人造的符号配合自然语言,却能在很大程度上较好地表述数学问题,进而很好地描述其他科学问题。伽利略称这种符号配合语言的表达方式为"数学语言"。从此,除了表达诉求的自然语言,又有了"数学语言"。伽利略说:世界是一本以数学语言写就的书。

"$\sqrt{25} = \pm 5$"这类算式我们很熟悉,它的含义是:25 开平方等于正 5 或负 5,可以读"根号 25 等于正 5 或负 5",或读"25 开方等于正负 5"。这是数学常识,易懂。可是在没有创建"$\sqrt{}$"这类数学符号前,我们用平常的自然话语来描述"$+5$"或"-5",可以说"**自乘之积等于 25 的那两个数**",较之表达式 $\sqrt{25} = \pm 5$,听起来就别扭多了,理解起来也要颇费思考。

"$\sin^2 x + \cos^2 x \equiv 1$"是恒等式,用自然话语表达要费点事:"**不论角度 x 取什么值,x 正弦值的平方值与 x 余弦值的平方值之和,总是等于 1**"。

"$|B|$"指 B 的绝对值,以自然话语是"**数 B,若大于或等于零,取其值;若小于零,取其负值**"。用数学符号表示,写"$|B|$"便可,简单利落。

N 自乘表为 N^2,$N \times N \times N$ 表为 N^3,m 个 N 自乘表为 N^m。同样简单利落。

数码、符号和表示规则所形成的数学表达式,给我们带来多大的便利啊!

"$\{[95^2 + (+\sqrt{25})] \div (12-8)\} \times 17$"描述一组计算,如果不使用数学符号,用纯语言应说"**95 自乘之积与另外的自乘之积等于 25 的两个数中的那个正数之和为被除数,以 12 减 8 之差为除数相除所得的商再乘 17**"。听来比 $\sqrt{25}$ 的

语言表述更加别扭。不过,还算不特别复杂。把这个长句子写下来,慢慢分析,也许还能够不产生歧义地理顺逻辑关系。但是如若遇上比这再多几重括弧的运算关系,自然语言就难以表述得十分清楚了,光是语法的层次结构,也会让任何一位既精通语法又精通数学的学者费上一番脑筋的。

中国古代没有通行的运算符号,即便最著名的数学典籍,也是用汉字表述并解答数学问题的。尽管汉字有很强的表达能力,表述数学问题也常显力不从心,远不如现代数学符号来得快捷和准确。摘录两个古算术问题,请看:

《五曹算经》:"术曰:列田五十六步自相乘得三千一百三十六步"。

用数学语言表示是:$(56 \text{ 步})^2 = 3\,136$ 平方步;

《九章算法》:"有九十一分之四十九。问约之得几? 答曰:十三分之七"。

用数学语言表示是:

$$\frac{\cancel{49}^{\ 7}}{\cancel{91}_{\ 13}} = \frac{7}{13}$$

上例启示我们:帮助人们理顺数之间的运算逻辑关系;精简的表达无形中帮助人们记忆,使思考的效率大大提高。我们不妨再举一个初等几何学的例子:$\triangle ABC \cong \triangle A_1B_1C_1$,符号"$\cong$"意为"相似而且面积相等",本式的意思是"三角形 ABC 与三角形 $A_1B_1C_1$ 形状相似而且面积相等"。从所举各例看来,符号表示一个数学概念,比普通日用语言表达容易得多。在数学发展的历史过程,人们为建立这种能够表达各种数学概念、代表各种数学运算、表示数与数之间关系的"语言",费尽了心机。经历几个世纪的努力,有幸这种语言被前辈(主要是数学家)们建立并付诸应用了。首先是阿拉伯数码权重计数法的发明和应用,接着是 15 世纪陆续有人创建"＋""－"等符号,他们中的杰出代表是 18 世纪伟大的数学家欧拉,他创建了三角函数符号:sin(正弦)、cos(余弦)、tg(正切)、……微小量符号 Δ;自然对数底的代号 e;函数符号 $f(x)$;求和符号 $\sum$;虚数单位代号 i 等(见下表)。

二、　数学符号语言系统

这个符号语言系统是逐步建立起来的,它由 10 个阿拉伯数码字、数百个符号、字母或缩略语以及表达规则组成。在数学、科学技术领域,乃至文学艺术和人们的日常生活,数学语言就像法律一样,已经成为大家公认的规则。它对大量纷繁复杂的关系,种种学术概念做出了有序的、逻辑严谨的表述。数学语言对计算机语言的建立和发展作用很大,是软件科学不可替代的角色。软件科学反过来又丰富了数学语言。一两个简单符号,就代表几十句话也难以描述清楚的关系,不能不叫人赞叹。值得注意的是,计算机的编程语言不是数学的通用语言,各种编程语言都有自己的"方言",越出了目前数学科学公认的数学语言范围。例如 C 语言使用"＝＝"表等于,"(int)"表示数的整数部分;Pascal 语言以"sqr(x)"表 x 的平方,"sqrt(x)"表 x 的平方根等。它们不是数学通用语言,即使在计算机界也不通用,仅是本编程语言源程序的"方言"。

数学家以抽象思维认识客观世界,将规律综合、归纳、演绎,形成数学概念。这种抽象思维深刻地反映外部世界,使人能预见事物和现象的发展趋势,并确定概念之间的演绎关系。数学概念有精确而复杂的数量属性。数学家为理顺这些概念而思考,是通过脑子里的语言进行的,在理顺数学概念的逻辑时,若用语言默念,难以驾驭复杂的演绎关系,必须有形象思维工具帮助思考,这些**帮助思考的工具就是符号、字母、数字、文字和线条等**。它们被思考者写在纸上,当作某个概念的代表,搁一旁,一个一个的抽象概念被一组一组有形符号代表。概念常常是模块化的,搁在一旁的模块,经过思考者的眼睛再进入脑海,在很大程度上帮助他对真理的认知,简化为抽象概念模块间的联系,有利于理解并解决问题。例如由三角形内角和边长关系,演绎出三角函数之间的逻辑关系,不使用数学符号模块化,是非常难以理顺的。在直角三角形 ABC 中,我们用直角边 a、b 求斜边 c,$c=\sqrt{a^2+b^2}$,其中 $\sqrt{a^2+b^2}$ 是由符号组成的一个模块,没有它的帮助,勾股定理要费很多口舌才能表达清楚。由勾股定理演绎出的恒等式 $\sin^2 x + \cos^2 x \equiv 1$ 有两个模块:$\sin^2 x$ 和 $\cos^2 x$,每个都由三角函数代号和平方符号构造而成,通过符号"＋"和符号"＝"联络,演绎出边和角的关系 $a=c\cos\angle A$,$b=c\sin\angle A$ 等,这里有:边的代表字母、角和顶点的代表字母、角的符号"$\angle$"、三角函数代号、四则运算号、等号、平方号、开方号出场。用形象思维作辅助工具,将数学概念模块化,帮助抽象思维深入,是认识数学世界的好方法。数学符号构造出的表达式,能够把数学概念表达得最好。

历史悠久的古中国,不缺少具备高抽象思维能力的一流数学家,可惜他们没有以符号形象思维思考,将理论推向更高峰,在高等数学的建树上功亏一篑。

三、 初等数学的部分数学符号

符号是数学语言的重要元素。下表列出了初等数学部分常用符号供参阅。

表　数学常用符号

运算或表达	符　号	举　　　例	符号或左栏例子含义说明
加、减、乘、除	$+$、$-$、$\times$、$\div$	$5+2$，$+5$；$5-2$，-5；5×2；$5\div 2$.	5 加 2，正 5；5 减 2，负 5；5 乘 2；5 除以 2
正或负	$\pm$	± 5	正或负 5
平方,立方	$\square^2$，$\square^3$	5^2，5^3	5×5，$5\times 5\times 5$
n 次方	$\square^n$	5^n	$5\times 5\times\cdots\cdots\times 5$(共有 n 个 5 连乘)
开方,开立方	$\sqrt{\ }$，$\sqrt[3]{\ }$	$\sqrt{10}$；$\sqrt[3]{10}$	10 开平方；10 开立方(或 10 开 3 次方)
开 n 次方	$\sqrt[n]{\ }$	$\sqrt[n]{10}$	10 开 n 次方
求取对数 求取真数	Log_b Log_b^{-1}	$\mathrm{Log}_b A=N$；$\mathrm{Log}_2 128=7$ $\mathrm{Log}_2^{-1} N=A$；$\mathrm{Log}_2^{-1} 7=128$	b 为底 A 对数为 N；2 为底 128 的对数为 7. b 为底 N 的真数为 A；2 为底 7 的真数为 128.
等于,不等于	$=$，$\neq$	$2+3=5$，$2+4\neq 5$.	2 加 3 等于 5，2 加 4 不等于 5
恒等于	$\equiv$	$\sin^2 x+\cos^2 x\equiv 1$.	不管变量取何值,符号两边永远相等
约等于	$\approx$	$\pi\approx 3.141\,592\,653\,589\,7\cdots$	在一定的约束条件下,符号两边约相等
相似	$\backsim$	$\triangle ABC\backsim\triangle A_1 B_1 C_1$	符号两边几何图形相似 $\triangle ABC$ 与 $\triangle A_1 B_1 C_1$ 的对应角相等
相似并等于 (全等)	$\cong$	$\triangle ABC\cong\triangle A_1 B_1 C_1$	符号两边几何图形相似且面积相等 $\triangle ABC$ 与 $\triangle A_1 B_1 C_1$ 的对应角相等、对应边相等
小于;大于	$<$；$>$	$100<101$，$101>100$	符号左边数小于右边数;符号左边数大于右边数
小或等于	$\leqslant$	$X\leqslant 100$	符号左边的数小于或等于(或不大于)右边数
大或等于	$\geqslant$	$X\geqslant 100$	符号左边的数大于或等于(或不小于)右边数
不小于	$\nleqslant$	$X\nleqslant 100$	符号左边的数不小于右边数
不大于	$\ngeqslant$	$X\ngeqslant 100$	符号左边的数不大于右边数

续表

运算或表达	符 号	举　　例	符号或左栏例子含义说明
平行,垂直	//,⊥	$AB // CD$,$MN \perp PQ$	线段 AB 平行线段 CD,线段 MN 垂直线段 PQ
三角形	△	$\triangle ABC$	读为:三角形 ABC
圆	⊙	$\odot P$	读为:圆 P
角	∠	$\angle ABC$,$\angle 1$,$\angle \beta$	读为:角 ABC,角 1,角 β
因为,所以	∵,∴	$\because x = 5$,$y = 5$,$\therefore x = y$	因为 $x = 5$,$y = 5$,所以 $x = y$
比例	∝	$\because A = 5B$,$\therefore A \propto B$	因为 $A = 5B$,所以 A 正比于 B
绝对值	|□|	$\| B \|$;$\| -105 \| = 105$,	B 的绝对值;-105 的绝对值等于 105
正弦,余弦	sin, cos	$\sin 90° = 1$;$\cos 60° = 0.5$	$90°$ 的正弦函数为 1;$60°$ 的余弦函数为 0.5
正切,余切	tg, ctg	$\text{tg} A \text{ctg} A \equiv 1$	正切函数和余切函数恒为倒数
自然数阶乘	!	$5! = 5 \times 4 \times 3 \times 2 \times 1$	n 以内的连续自然数相乘 $n! = n(n-1)(n-2)\cdots \times 2 \times 1$
连加	$\sum$	$e^x = \sum_{n=0}^{\infty} \frac{x^n}{n!}$	表示 $e^x = 1 + x + \frac{x^2}{2!} + \frac{x^3}{3!} + \cdots + \frac{x^n}{n!}$
连乘	$\prod$	$k(x) = \prod_{i=1}^{100} x_i$	表示 $k(x) = x_1 \cdot x_2 \cdots x_{100}$
取下整数	⌊ ⌋	$\lfloor 3.4 \rfloor = 3$	对 $\lfloor X \rfloor$ 中的 X,取 $\leqslant X$ 的最大整数
取上整数	⌈ ⌉	$\lceil 3.4 \rceil = 4$	对 $\lceil X \rceil$ 中的 X,取 $\geqslant X$ 的最小整数
取模	mod	$125 \bmod 11 = 4$	125 除以 11 的余数 $= 4$
圆周率	π	$\pi \approx 3.141\,592\,653\,589\,7\cdots$	为无理数,π 作为角度时相当 1/2 圆周角
虚数单位	i	$i^2 = -1$,$i^3 = -i$,$i^4 = 1$	虚数单位为 $\sqrt{-1}$,也有人称"单位虚数"
……			

读完这个表,我们是不是对"数学符号语言系统"有了进一步认识。结论可能是:

使用数学语言符号,能够把数学概念表达得更好、更清楚些。

LINK　知识链接：部分常用数学符号来历简说

四则计算已经有几千年的历史，但使用"＋"、"－"、"×"和"÷"作为四则运算符号写入算式，是近四百年的事。"＋"和"－"是 15 世纪德国人韦德曼和瓦格涅尔首创的，用以表示盈和亏；以后才用于算式表示加和减；"×"号是 17 世纪英国人欧德莱发明并使用；"÷"号则由 18 世纪瑞士人拉恩创造。加上此后欧洲一大批知名数学家如笛卡尔、莱布尼兹、拉格朗日、欧拉、柯西等人，相继创建了括号、等号、大于号、小于号、相似号、分数符号、求和符号、微分号、积分号、根号、对数符号、三角函数代号、某些数学常数的代表字母（如 π 表圆周率，e 表自然对数之底，i 表虚数单位 $\sqrt{-1}$）、平方和多次方的表示方法、线性方程组的表示方法（行列式和矩阵）……，经历艰苦的推广和应用，才形成今日的规模。"＝"号是 1557 年英国学者列科尔德创造的，他用两条平行且相等的直线表示两数相等。"＞"和"＜"号是 17 世纪英国数学家哈利奥特创造的，后来，人们又根据这三个符号创建了不等于"≠"、不大于"≯"和不小于"≮"等三个符号。

计算机程序语言创造了很多数学符号，这些符号只适用各自的程序语言，不可使用在一般数学运算。

"兴趣是最好的老师"的更好诠释

一、足球与欧拉

图1 足球

由黑白两色球面正多边形缝合而成的足球,是一个美丽的立体图案。它由曲率相同、边弧长相等的12片黑色球面正五边形、20片白色球面正六边形,共计32片染色的皮革缝合成足球外壳,形成黑白相间的球面,造成简洁的视觉美(图1)。

是谁发明用32片染色皮革缝成球壳,我们无从得知。极大的可能是受到正20面体的启发,将正20面体的每个顶点切去一个正五棱锥(图2a),得到32面体(图2b)。如果在切五棱锥时,保证五棱锥底面五边形边长,等于20面体的面三角形边长的1/3,得到一个32面体,其表面由12个正五边形和20个正六边形组成,有16条旋转对称轴(分析略),是很接近球的空间对称图形(图2c)。制作足球就是利用它作为足球外壳。按球的直径计算出多边形边长,将软兽皮裁剪为边长同尺寸的正五边形和正六边形,缝制成一个32面体球壳(图2c)。当球壳中的球形的橡皮"内胆"充气加压后,依物理学原理,球壳内的压力垂直于壳壁,多面体外壳的多边形之间的缝线将在均匀张力下成为弧线,其曲率半径等于球半径。而32片多

a. 正二十面体切顶　　b. 成为32面体　　c. 染色的32面体　　d. 足球

图2　正二十面体向足球的变迁

边形兽皮,受垂直于皮面的压力,由于其微小弹性变形为近似球面,曲率半径和边线弧相同。一个足球就形成了,看起来很圆,供娱乐毫无问题。

　　200 多年前,数学家欧拉证明了多面体的欧拉定理,证明正多面体只能有五种——正 4 面体、正 6 面体、正 8 面体、正 12 面体和正 20 面体。他用拓扑学对多面体分类。拓扑学认为凸多面体和球一样,都是"球胚",拓扑学不承认棱。上图正 20 面体改进成的 32 面体,很接近球形,用它作球壳,可能是工匠师傅摸索出来的。果然这个球壳胀气后,棱消失了,凸多面体成了足球。拓扑学的抽象理论和工匠师傅的实践团圆了。数学是对自然认识的高度抽象,拓扑学研究同类形体在拓扑空间连续变换下的共性,32 面体和球的共性体现了这。

二、 读读欧拉

　　"研究欧拉的著作永远是了解数学的最好方法"著名数学家高斯说。

　　瑞士数学家利昂哈德·欧拉(*Leonhard Euler*,1707—1783)是 18 世纪最伟大的数学家,他和阿基米德、牛顿、高斯是迄今贡献最大的四位数学家。四位数学泰斗最大的共同之处是涉猎广泛,成就显赫。欧拉是他们中最杰出的代表,他不仅为创建数学理论作出了卓越贡献,解决了许多历史难题,而且将数学与应用紧密联系起来,在基础物理、流体力学、电磁学、光学、天文学、建筑、航海和工程技术等诸多领域,都取得了丰硕的理论成果。他既是优秀的数学家,又是优秀的自然科学家。他不断将自然问题进行数学抽象,发现理论并用数学加以定量化,给自然科学的客观真理进行数学阐述,归纳出诸多定理,促进学术内在规律的研究。历史上没有一个数学家像欧拉那样,能这么热衷于科学技术,能这么深入到现象中,在应用中归纳理论。也没有谁像欧拉那样把数学的手伸向应用科学,伸得那么长。欧拉的著作使我们认识到数学不仅是解释自然的工具,而且在深度和广度上反映着自然的本来。他的思维常常遨游在高度抽象的数学空间,常常把数学抽象到极致。

　　欧拉数学理论的最终源泉是实践,在创建理论的同时,他又应用这些理论解决天文、物理和力学等方面的实际问题,欧拉在创建他的数学理论。从他的小部分学术文献著作的题目,就可以看出他的数学研究跨过多少学科:《流体运动原理》《流体运动的一般原理》《无穷小分析引论》《行星和彗星的运动理论》《月球运动理论》《日蚀的计算》《航海科学》《论船舶的左右及前后摇晃》《微分学原理》《力学,或解析地叙述运动的理论》《方程的积分法研究》《寻求具有某种极大或极小性质的曲线的技巧》《关于曲面上曲线的研究》《关于位置几何问题的解法》……这些联系实际的著作,仅仅是他成就的很小部分。

欧拉的工作是跨学科的,他不断地从实践中汲取丰富的营养,但又不满足于具体问题的解决。欧拉不仅是杰出的理论数学家,还是位将数学应用于多门学科的实践学者。他是理论联系实际的巨匠,应用数学大师。不像某些数学家那样只热衷于纯理论,欧拉除了研究理论,对几乎任何具体问题,如物理学、力学、工程和技术科学理论上都有浓烈的兴趣,斩获颇丰。他在极其广泛的理论技术领域上的创意和建树前无古人。欧拉最早明确地提出质点的概念,最早研究质点沿任意一曲线运动时的速度,并在速度与加速度上应用矢量的概念。他的《流体运动原理》奠定了流体力学基础;他对微积分的两个领域——微分方程和无穷级数——特别感兴趣。他在这两方面作出了非常重要的贡献。他的《微分学原理》《无穷小分析引论》《方程的积分法研究》创建了微分方程学科。他对曲面和空间曲线的研究、对微分几何领域作出了重大贡献。他对变分学和复变函数学的贡献为后来所取得的一切成就奠定了基础。

要了解数学,就应该读欧拉的著作。读浩如烟海的欧拉的著作,读懂了欧拉,你便能悟出"数学是什么":数学不是数学家象牙塔里的玲珑宝贝,而是人类活动中历练出来的严肃而美丽的精灵。

三、 欧拉小史

欧拉 1707 年生于瑞士。从小对数学的兴趣是无与伦比的,可他就读的那所小学居然没有数学课,被强烈爱好驱使着的小欧拉,只得在父亲教过的一点启蒙数学基础上,向业余数学家求教并开始自学了。年方 10 岁他就自学 C·鲁道夫的《代数学》,13 岁进入巴塞尔大学,15 岁获学士学位,17 岁获硕士学位。欧拉在几何、代数、微积分、拓扑学已经显露才能,深得数学家白努利的赏识。1727 年,20 岁的欧拉应彼得堡科学院之邀到俄国。1731 年,23 岁成为该院教授。在俄 14 年间,欧拉在分析学、数论和力学方面作了大量出色的工作。1741年应聘柏林科学院达 24 年之久,是该院创始人之一,他在力学上的重大成果多是这期间完成的,此期间他的研究内容涉及行星运动、刚体运动、流体力学、热力学、弹道学、人口学,他将数学成功地应用于应用科学领域,进行开创性的工作,写出几百篇论文。1766 年他又回到彼得堡科学院,再工作 17 年,直到 1783年逝世。

欧拉的成就是巨大的,他的研究几乎涉及所有数学分支,对物理学、力学、天文学、弹道学、航海学、建筑学、音乐都有研究;有许多公式、定理、解法、函数、方程、常数等以欧拉名字命名。欧拉写的数学教科书,当时一直被当作标准教程……。十八世纪以后,欧拉是科学史上少有的奇才、怪才和天才,也是位多才多产的杰出的科学家,他不倦的一生,共完成 868 份论著(书籍和论文),它们分别论述数学分析、代数、数论、拓扑学、几何学、物理学、力学、天文学、弹道学、航海学、建筑学等方面的内容。他的著述多而且质量高。今天我们在数学或工程技术书籍中常可见到欧拉的名字:欧拉公式、欧拉定理、欧拉函数、欧拉恒等式、欧拉方程、欧拉常数、欧拉示性数、欧拉角、欧拉线、欧拉圆、伯努利-欧拉定律、欧拉-博里叶公式、欧拉-拉格朗日方程以及欧拉-马克劳林公式等,都冠有他名字,标示着并纪念着他的杰出成就。欧拉创立了许多数学符号,如三角函数符号 $\sin$、$\cos$、tg;微小量符号 Δx;自然对数的底 e;函数符号 $f(x)$;求和符号 $\sum$;虚数单位符号 i 等。

欧拉发明的数学符号和许多解题方法,清晰而严谨,为后来者清除了前进路上许多的绊脚石,从大数学家到普通学生都赞叹不已,引发他们对这位天才数学家的无限怀念和崇敬。欧拉的一生是教人永远怀念的一生。

四、"兴趣是最好的老师"的最好诠释

欧拉在科学著作上惊人的高产不是偶然的。他那顽强的毅力和不倦的治学精神,使他在任何不良的环境中仍然勤奋工作:他常常不顾孩子的喧哗,抱着孩子在膝盖上写论文。即使在双目失明以后,也没有停止对数学的研究,失明的最后 17 年间,他口述了好几本书和 400 余篇的论文。他写出了计算天王星轨道的计算要领后离开了人世。欧拉是彼得堡科学院有教授头衔的科学家,却为学校编写教材。他编写的初等代数和算术的教科书,文笔细致,条理清晰。从不用晦涩词汇故弄玄虚,而是津津有味地把他那丰富的思想和广泛的兴趣描绘得有声有色,文字轻松易懂,为欧洲各国所采用。有学者认为,自从 1784 年以后,初等微积分和高等微积分教科书都是抄袭欧拉。他重视人才,不仅和年轻的拉格朗日讨论"等周问题"鼓励他成才,还用德、俄、英文发表过大量通俗文章,用许多新的思想和叙述方法,使得这些文章既严密又易于理解。对这位学问高深却谦和平易的大师,欧洲所有的数学家都把他当作老师,数学家拉普拉斯说:"读读欧拉吧,他是我们一切人的老师。"

　　数学和自然科学领域都可以看到欧拉的影子,很多大师都声称受到他的影响。他的影响力如此巨大,以至于在人们的心目中,欧拉是令人尊敬的老师。可欧拉自己的老师呢,他的老师在哪里?除早期指点过他的白努利,在欧拉登上数学金字塔顶后,无人堪称他的老师。欧拉的老师是兴趣,对自然科学天生的不可遏止的兴趣,和牛顿、伽利略一样,欧拉把数学作为解决自然科学难题的钥匙。他对质点运动、流体、材料、多面体、天文、弹道、航海、建筑、电磁学、光学、刚体力学等的兴趣,是他的老师。"兴趣"这位老师,教他在这些领域孜孜不倦地创造了辉煌的业绩。

　　有人想象欧拉像一只鸟,终生驾着理想与兴趣的翅膀,带着他的奇思妙想奋力飞翔。他破解科学难题的源泉就是兴趣。对科学浓烈的、不可遏止的兴趣,引领欧拉搏击长空,飞到了成功的彼岸。

　　有许多人写文章,很好地诠释过"兴趣是最好的老师"这句话,欧拉的一生便是对这句话更生动、更好的诠释。

哪种进位制更好

一、 多种进位制

我们计数可以用多种进位制：十进制、二进制、八进制、十六进制……用得最多的是十进制。理论上大于1的任何自然数为底进位制，如三进制。哪一种进位制更好呢？我们选取几种比较它们的进位：

（一）十进制

因为人有十个手指，所以使用十进制。十进制以 0，1，2，3，4，5，6，7，8，9 十个阿拉伯数码计数，过 9 进位。计数从 1，2，…计至 9 后，下一个数进位记作 10，这个两位数习惯上读作"十"或"一十"，但读作"幺零"（yāo líng）最好；大于 10 以后计数，我们已经熟悉：11，12，…，19，20；21，22，…，29，30；…；直至 99，再进一位，记作 100（读"幺零零"，习惯上也可读作"一百"）；依此类推，999 后为 1 000；9 999 后为 10 000……

（二）八进制

类似地，八进制使用 0，1，2，3，4，5，6，7 共八个阿拉伯数码符号，计数从 1 到 7 是个位，7 后进位为 10，读作"幺零"；接着向后计数，到 77 后，进位为 100；777 后，进位为 1 000…；容易算出，八进制 10 相当于十进制的 8；100 相当于十进制的 64；1 000 相当于十进制的 512；10 000 相当于十进制的 4 096……

（三）十六进制

使用十六个数码：0，1，2，3，4，5，6，7，8，9，A，B，C，D，E，F。其中头六个拉丁字母 A，B，C，D，E，F 被借用作十六进制的个位数字。A 相当于十进制的 10；B 相当于十进制的 11；…；F 相当于十进制的 15。F 后的下一个数进位为 10，同样读"幺零"，相当十进制 16；FF 后的下一个数进位记作 100，读作"幺零零"，相当于十进制的 256；类推 1 000 相当于十进制的 4 096；10 000 相当于十进制的 65 536；……

（四）二进制

二进制只使用 0 和 1 两个数码,进位的方法可以从十进制类推,数 1 后,下个数记作 10(读"幺零"),相当于十进制的 2;再下一个数记作 11(读"幺幺"),相当于十进制的 3;11 后又进位记作 100(读"幺零零"),相当于十进制的 4;以下依次是 101, 110, 111, 1 000, 1 001, 1 010,…分别相当于十进制的 5,6,7,8,9,10,…。再以后的数,我们凭初等数学知识可以顺推:10 000 相当于十进制的 16;10 000 相当于十进制的 32;…;数码序列过长,读写费时是二进制计数法最大缺点。十进制 75 在二进制是 101 011(念"幺零幺零幺幺");十进制数 6 000 以二进制表为 1 011 101 110 000,记忆和读写都不易。但我们可用十六进制帮助记忆:以小数点为界,整数部分向左、小数部分向右,按四个 bit 分节;每节依十六进制规则数读。例:二进制数 111 010 100.101 101 1 化为十六进制数 1D4.B6。解决了二进制数读写难问题。

二、 各种进位制下数的运算

十进制的计算是人类最熟悉的,我们使用十进制进行日常活动,无疑各种计算法则都是基于十进制数的。人们今后也会长期使用十进制计数和十进制运算,即使计算机内部是以二进制表示控制和运算,但显示和打印给人们的结果信息,也不用二进制而用十进制。可见十进制在人脑里多么根深蒂固。

但是,十进制的计算有很多缺点,就说乘法计算,乘法表有 45 条口诀,至少要背 36 条。加法和减法的口诀经过精简后,也各有几十条。十六进制就更费记忆了,光乘法表 120 条口诀。虽然世上有许多记忆力强手,但并不好。

二进制只使用数码"0"和"1",四则运算简单,加法口诀只三条:"0 加 0 得 0,0 加 1 得 1,1 加 1 得 10";乘法口诀也是三条:"00 得 0,01 得 0,11 得 1"。有了口诀,我们便可仿效十进制列竖式的方法,做二进制的全部四则运算;也可以仿效十进制珠算方法,实现二进制的珠算四则运算。

二进制数的加法运算,可由数字逻辑电路模拟实现,进而做成运算功能更多的**算术逻辑运算器**,它以二进制为基础作运算,虽然它们已经由超大规模集成技术制成体积极小,却没有改变二进制运算的根本原理。在计算机内部,包括指令和数据在内的一切,都以二进制形式存在。二进制符合数字逻辑规律与数字逻辑理论结合,是自动控制和电子数字计算机的硬件基础。

现代电脑绝大多数是 V·诺依曼型的,以二进制数字电路实现运算,机器的指令、数据都以二进制形式存储和工作,别的进位制是难以实现的。

理论上,以十个电位代表 0~9 的十个数,能够制造直接以十进制运算的计算机,能有某些优点,但可靠性会极低。至少在现阶段无法赶上二进制。

现在可以结论了,在信息运算上,二进制是更好的进位制。

把机器人认知得更好些

有则科幻故事《机器人军队》梗概是这样的：

科技都很发达的 A、C 两国相邻。A 国尚武，C 国崇文，历来相安无事。不料 A 国新总统颇具野心，上台后秘密研制打仗机器人，组建机器人军队侵略 C 国。虽然两国都没有重武器，但 A 国使用轻武器的机器人部队技艺超群，准确识别千米外的一切，射击命中率高，对 C 国每战必胜。它们对 C 国人从不手软，而对自己的总统却毕恭毕敬唯命是从。在机器人部队面前，C 国几无招架之力。

屡战屡败的 C 国参谋长，在无奈中想出一个办法……

一次，A 国又来挑衅，新总统秘密亲自督战。待到两军对垒，A 国的机器士兵忽然不是照例首先开火，反而集体欢呼，飞速跑向千米之外的 C 方阵地。弄得 A 国统帅们莫名其妙。

原来，C 国参谋长召集本国计算机专家进行了一次秘密大行动；又请一流的化妆师，把一批演员化装得与 A 国总统惟妙惟肖；让他们站在阵地最前沿。这一切，秘密指挥车上的 A 国总统和指挥官当然不知道也看不见。这次战斗一开始，有超强视力的 A 国机器士兵看见千米外的"总统"。立刻按照程序跑过去欢呼致礼并请求指示。"总统"们于是命令它们：集队走进一个大棚，在那里放下武器，听从棚内人员安排。在大棚里，C 国专家首先拔掉机器兵的只读存储器，又把外存格式化，接着装上 C 国研制的全套软件。带着新软件的机器士兵重回战场了。在阵地守候的 A 国指挥官，看见自己的士兵又从 C 国阵地回来，正纳闷还没有回过神，突然一阵猛烈的"突突"声响起，更新了软件的机器士兵朝自己过去的首长开枪了，A 国指挥官全部倒地毙命。士兵们径直走向总统座车，"重点清除"了它们曾经热爱的总统。A 国大败投降。

这则科幻故事让我们初识了机器人，原来它们不是什么神秘物，不过是一群受制于人的机器：软件规定它们怎么做，它们就怎么做。

1920 年，捷克作家卡雷卡·卡佩克写了一部科幻剧《罗萨姆的万能机器人》。剧中，作家把捷克语"Robota"（仆役）特意写成"Robot"。没料到作家一锤定了音，"仆役"Robot从此世界闻名，成为机器人的代名词。中文译为"机器人""机械手"。

一、古典机器人

人类祖先经过漫长年代的奋斗，在创造灿烂的文明的过程中，工具起到了非常重要的作用。工具不是器官，是人的身外之物，可它能帮助人类大大提高工作效率，更重要的是帮助人完成器官难以胜任的工作。手不能翻地，拿上锄头可以翻地；手扳不倒大树，持斧子可以砍倒大树。锄头和斧子是手的延长；刀剑也是手的延长；依此类推，车辆、船舶是脚的延长；算盘是脑的延长；望远镜是眼睛的延长；计算机是脑的延长……所以，哲学家认为，工具是人类器官的延长。无数的历史事实雄辩地证明了，自古以来，每出现一种先进工具，人类文明就前进一大步，如蒸汽机把人类带入机械化时代，电动机器把人类带入自动化时代，计算机把人类带入信息时代。机器人无疑是一种工具，是比锄头和斧子更高级的工具，是脑和手共同的延长。

机器人古已有之，尽管当初未曾命名。机器人的工作顺序是：预设程序→获得信息→执行程序。我们建立这样的认知是有益的："机器人是在人的安排下，能够在得到特定信息后，自动去完成人期望它完成的工作的工具。"

我国典籍有许多这种机器人的记载。宋代学者沈括在《梦溪笔谈》记述过灭鼠机器人。相似记载古籍中还有：西周工匠偃师的歌舞伶人；春秋鲁班的木鸟；汉代张衡的地动仪、记里鼓车；诸葛亮的木牛流马；魏晋的指南车，都是这类古典机器人。

今天，机器人可以被设计、制作，为人类服务。而在中国，古代人早就有"机器人梦"，梦想着能制作一种形态像人的物件来代替人类劳动。为这个梦想，中国人制作出了能够自己活动的机械装置，可以被视为现代机器人的鼻祖。我国关于机器人的记载，在古代，机器人就是人形机械。

二、机器人有没有定义

学术上常对一些科学概念作严格的定义。定义能帮助人们理解学术概念。机器人没有无懈可击的定义，机器人是一类形状不定、构造多样、功能不一、大小不限的机器，各家有各家的说法。日本有人说**"机器人就是任何高级的自动机械"**。美国机器人协会说机器人是：**"一种可编程的和多功能的，用来搬运材**

料、零件、工具的操作机；或是为了执行不同的任务而具有可改变和可编程动作专门系统。"联合国标准化组织采纳美国人的说法。简而言之，机器人是机器，是靠动力和逻辑控制来实现某些功能的机器。

三、 认识普通机器人

科学界眼里的机器人，与风靡世界的影视剧机器人截然不同，它们永远没有超越自然规律的能力。虽然各家在细节上有见仁见智的差别，但严谨的科学界对机器人有极其重要的共识，即机器人由四大部分组成：计算机、软件、感知系统、执行机构。

图1　科学机器人图案

（一）计算机

这里指的是裸机——还没有装入工作程序的机器，它由CPU、存储器和输入输出电路组成。这是机器人的核心，可以用人的大脑作比喻。普通机器人里的计算机和普通计算机一样，它的唯一工作就是执行程序。

（二）软件

软件是人编制的。如果机器人的能力很强或者功能很全，应该有操作系统。操作系统管理硬件和软件，协调计算机的工作，将人们的要求全部包含在软件中。软件置于计算机内存和外部存储器。如果是独立的自主机器人，它们与其他机器人或其他设备的通信多半通过无线网络实现。

（三）感知系统

这是机器人获取外界信息的环节。机器人需要的信息，都通过本系统获得。这些信息可能有：光的、声的、力的、电的、磁的、电磁波的、嗅觉的、温度的、压力的或外界可能给予的其他任何信息。不论是数字信息还是模拟信息，最后都变成规格化的数字信息……机器人的感知系统感知这些外界信息，交由软件处理。软件指挥"执行机构"每一步行动。

（四）执行机构

相对于计算机，执行机构属于外围设备，它接受软件的支配。如果把软件比做"治人"智力劳动者，那么执行机构就是"治于人"的体力劳动者。执行机构由机械、电器、电子设备等组成；电力、液压、气动提供动力。执行机构既是机器人主要的能量消耗者，也是机器人能力以及业绩的体现者。机器人与大众接触最密切的是执行机构。在大众眼里的机器人，其实只是执行机构。人们或许不知道还有 CPU 和 CPU 的主心骨——软件。人看不见提供信息的传感器群，却一定看得见实现功能的执行机构。展览会上、科技馆里的人形机器人，它们和人握手、和人对话、给人画像，都是执行机构所为。把机器人的执行机构设计成人形，再加以华丽的衣着，配以动听悦耳的声音，就成为引人注目的机器人小姐了。广告商用她们宣传产品，展览会用她们作迎宾员。但是请注意，它们与真人可有天壤之别。为了吸人眼球，设计者常让它们行走、握手、写字、干活、说话和唱歌，都学人的样子。工业机器人不同，它们不必制成人形。焊接机器人就是个握着焊钳的、有 6 个自由度的长臂，它能在设定的作业区实现焊接作业；堆垛机器人则伸展液压驱动的、温柔而有力量的双臂，臂端保持水平的铲形爪，在任何方向和额定高度码放或提取货包。它们到处长有"眼睛"和"耳朵"——那些识别图像和声音的传感元件，有时它们就安装在长长的机械臂上。

　　我国有很多的机器人制造厂（外企占比很大，多数集中在上海等东南沿海城市）。由于劳动力紧缺，2000年起，南方一些工厂就实行"机器换人"，花些初期投资，在许多动作规范的岗位上，以机器人代替工人。仅东莞市就有数百家企业使用机器人，它们是真正意义上的工业机器人。

　　老板喜爱机器人，因为它们做事严格遵从程序尽心尽责，可以 24 小时

图 2　某型堆垛工业机器人

工作，不需要上厕所、不会罢工、不要求加薪、不懂谈恋爱、不到厂外惹事……是极好管理的模范"员工"。

四、认知人工智能机器人

　　从数学家图灵开始，人们就试图让机器模拟人的行为，去完成唯有人的智力才能胜任的工作，如学习、思考、适应、识别、判断、预测、翻译、经济分析、生产评估、发明创造，等等。这些历来由人承担的工作，交由机器去做。这就是所谓的搞"人工智能"——国内外都在研究的课题（据说有些进展）。我国的研究机

构和高校也在搞。其中机器翻译略有成绩,在中/英文互译语法正规的科技文句,人工智能软件有高准确率。国内外众多资料在讨论人工智能,一些学校开设了"人工智能""机器人"等课程。科普文章侃侃而谈,告诉我们,人工智能机器人带给世界的,将是如何美好和神奇。然而,我们在兴奋中应该冷静,明白机器"智能"是人赋予的,是通过一系列高端软件和硬件措施"模拟"出来的。软件措施有专家系统、模式识别、庞大的知识库和数据仓库等;硬件措施有神经网络、微感技术、海量存储技术和光技术等。但直到目前,机器人不会独立思考,包括会下棋的机器人。无人机可以说是有些"智能"吧,它们是会飞的机器人,常飞越万里,去执行"定点清除",没有一点"智能"岂可。它们"熟知"了要清除对象的特征,就凭识别的"智能",在人海中找到目标,结果是屡屡错判,常常误杀好人。对熟人的识别,宠物狗也不会弄错,可费巨资造出的会飞机器人,居然不如狗。事实说明了,迄今人工智能机器人的世界水平是有限的。

曾经有人展出了相当于×岁儿童智慧的智能机器人;一些商店有机器人服务小姐与顾客对话、介绍商品、回答问题;展览会上机器人能给观众画像;还有机器人足球赛等。媒体渲染它们如何绝顶聪明,常让参观者兴奋异常,但懂行的专家却兴奋不起来:这些小儿科的"智能",距离专家心中目标十万八千里。与顾客对话的机器人小姐眼睛里安装的摄像头,将信息传给坐在操控室里,操纵机器人行动、代表机器人说话的真人小姐,她和顾客对话,对答如流。再说能绘画得机器人,它不是模拟画家观察对象的形体轮廓、人物的表情,以艺术思维构思绘画,而是通过摄像头给对象扫描获得的图像,在机器人感光屏上形成的数字信息,经过软件处理后,变为二维坐标动作命令,指挥机器人握笔的手,煞有介事地在纸上素描被画对象。看起来似有画家的派头,画得很像也很快,但它们仅是人形绘图机,不是画家,它们没有艺术灵感。机器人足球赛的"运动员",是受制于软件的。传感器报知球的方位、双方运动员方位等信息,程序处理后令它怎样踢球。而真实的足球赛场情况瞬息万变,运动员感知太多的信息,瞬间随机发挥智能,行为十分微妙,机器人运动员做不到。看它们在"赛场"上行动缓慢、憨态可掬,常因重心不稳翻倒起不来,令人忍俊不禁。说明它们没有模仿到运动员智能之万一,它们是一群货真价实的玩具。

20世纪60年代人们就领教过这类游戏。在某展览会,参观者走向展厅大门约一米时,厅门自动开启;清脆一声"您好,欢迎光临"从天而降。参观者都惊赞这扇门的"聪明":人来门自开,语言彬彬有礼。现在该明白了这点雕虫小技:

一个传感器、一个信号电路、一个电动门、一个录了音的喇叭，造成了这个惊赞。其实这扇门并不"聪明"（当然也不蠢），它的智能体现在传感信息引发一连串动作。即使进厅的是一头驴，也一样会受到同样的礼遇。

制造人工智能机器人是个严肃课题。很多文献都讨论这个问题，各路专家、学者、新闻界、文艺界、大学生……纷纷表示意见，热闹非凡。虽说大数据、模式识别、专家系统、仿真和模拟等方面有了些成绩，但至少目前还没有取得突破。一个极为关键的问题少被提及：情感怎样注入机器人？要机器人模拟人的思维，实现自主思维，情感的模拟难上加难。人类的喜怒哀乐与内分泌密切相关。如人的感情冲动与肾上腺素的关系。机器人译者、机器人作家、机器人诗人有没有？荷尔蒙支配了人的许多特殊行为：诗人能够写出激情澎湃、勾人魂魄的诗歌；作曲家写出气贯长虹的华彩乐章，机器人诗人却不能够。机器人诗人充其量可以从词汇数据库找出华丽的张扬的词语，搭配出一首首韵律优雅的"赞美"诗，却难教人悟出其中感情。这说明生命体和非生命体之间的鸿沟，至少在当代没有逾越。

虽然真正的人工智能机器人难产，但是"智能"商品信息还是不绝于耳：智能电饭锅、智能手机、智能空调、智能清扫器……这些商品当然比专家心中的人工智能机器人相差十万八千里。倒是有点小聪明，例如智能清扫器，在要打扫的房间巡视，运动到有灰尘和赃物的地方清扫吸尘；当它的电力不足，便自动运行到充电插座前，将插头伸入插座充电；充电完成后自动拔下插头。自控小设备能代替人的工作，特别是那些繁琐重复性的劳动、重体力劳动、危险和人难以到达的场合（水下、高温、缺氧、有毒、细小空间）。这些"智能"小不点，体现了自动化的"闭环""开环""自适应""越界控制"等类控制。从广义上，它们也应归入机器人家族。

五、　怎样把机器人认识得更好

怎样把机器人认识得更好些呢？我们的想法比较保守：

（1）机器人是人造的、为人服务的机器。机器人的行动受制于人，人工智能机器人也不例外；

（2）机器人由计算机硬件、计算机软件、传感系统和执行机构四大部分组成；

（3）机器人是非生命体，与生命体的人类之间存在一道无法逾越的鸿沟。"机器人统治人类"是好事者的妄想，鼓噪和渲染使无知者杞人忧天。机器人统治人类的时代是永远也不会到来的。

必要的规则让事儿办得更好

——兼评标准化给社会的贡献

这里讲述笔者亲身经历的两个真实的故事。站在一个技术工作者的角度，回忆它们，深深感到科学技术一日千里的进步，有很多不起眼的、我们平时不一定想到的东西，原来潜藏着深刻的内涵。

一、 往事记忆 1：标准化的启蒙课

那是 20 世纪 50 年代，一天晚上，笔者的母亲正用缝纫机为小妹做衣服。突然，她感觉缝纫机踏板轻下来，大皮带轮不转了，机器故障啦！怎么办？明天要穿这件新衣服参加小学的演讲比赛的小妹，急得直跺脚，惊动正在看报的父亲。这位老钳工放下报纸，摸着心爱的小女儿的小脸："别急，爹来修！"说着便拿来电筒和工具，先将缝纫机板上的手轮转了转，一看能够带动机头和机板下的大轮，便钻到机板下去。一会儿，只听他自言自语说了个数字，就很快走向墙角停放的自行车，在车闸什么地方卸下一个螺钉，又迅速回到机板下再折腾。一两分钟后，"哒哒哒哒……"父亲用手摇动脚踏板，缝纫机响起来了。"修好啦！"小妹破涕为笑。妈妈继续上机干活。当晚小妹就得到了盼望已久的新衣。

事后，我好奇地问从不用缝纫机的父亲，他怎么知道自行车上的螺丝能够用来修缝纫机？父亲说他在机下摇动踏板，发现曲柄连杆不能驱动大皮带轮转动，原来是中间环节掉了一个螺钉，他检查判定螺钉的规格，并且知道自行车闸上有这个规格的螺钉。"晚上没处买"父亲说，"从自行车上卸下一个应急"。

父亲还讲了很多，大意是说：我们使用"郭斯特"标准的螺钉——标准件，"郭斯特"后面不同的数符，构成不同的码串，一个码串指一种规格螺钉。码串相同的螺钉，在任何机器上都是一样的，可以互换。后来我才知道，"郭斯特"是俄语"ГОСТ"的音译，指苏联国家标准。当初父亲厂里借用苏联标准，技术人员一谈标准件，满口"郭斯特某某"……我隐约领悟了：标准件。

二、 往事记忆 2：细致入微的欧洲标准化

20 世纪 80 年代,我在欧洲一家公司工作。一天,办公桌一个抽屉坏了,打电话给公司后勤部门报修。电话那头说十分钟来人,但要我拉开抽屉,把抽屉底反面印的一个数码串告诉他。我照办了。十分钟后修理人员按时到达,提来一个新抽屉,用它把坏抽屉替换掉,前后不到一分钟。让我佩服的是,新抽屉居然和换下的一模一样分毫不差,好用得很。我原以为会派来一位木工,带上工具……

这激起我的记忆:一次,家里的板凳腿断了,木匠来修。他敲下断腿,量了旧孔和榫头尺寸,然后锯了一段木头做新腿,往卸掉了旧腿的凳面上装。榫头粗装不进;削了削再装,还紧;再削再装……如此试了五六次才搞定。四十分钟下来,总算把凳腿给修好了。

过后我知道,欧洲人修抽屉一事,和标准件有关。原来那办公室的家具是一家家具厂生产的,该厂有自己的"厂标准",抽屉底背面的数码串,就是此型抽屉的标准代号。坏了,按型号换一个新的便是。这样的好处是:利用产品互换性,修理时间极短,避免现场施工的麻烦和临时修整的质量差异,减轻工人的劳动……事实上,这里包括家具在内的很多物件都"模块化"了,物件内部模块是标准化的,模块中的零件也是标准化的。标准化促成规模化生产,效率高、质量好、节约成本;也促成备品备件和后期维护的高效。

三、 我国的标准化

标准化是一类"活动",国家标准 GB/T 20000.1—2002《标准化工作指南》说,标准化是"**为了在一定范围内获得最佳秩序,对现实问题或潜在问题制定共同使用和重复使用的条款的活动**"。可以理解为:标准化是"**为了把为事儿办得更好些**"。

我国在 1988 年颁布了《标准化法》,对社会产品;工程设计、施工;生产、金融与商务运作;安全环保;各种技术规程规范;服务和管理等方方面面,定出必须执行的和推荐执行的许多标准。截止到世纪之交,我国制订了四个等级的标准:从高到低依次是:①国家标准(代号 GB),约 2 万项 100 多万字,其中 2 563 项是强制标准(GB),其余为推荐标准(GB/T);②行业标准(代号按行业,如冶金-YB、机械-JB、商务-SB、轻工-QB、环保-HB),3 万多项;③省级地方(代号DB+

省代号,如湖北省为 DB42)标准,1 万多项;④企业标准(代号 Q/＋企业代号,如石油化工集团为 Q/SH),由生产企业自行制订。四类标准已备案的达 80 多万项。这些标准以文件方式记载,内容涵盖:

- 产品的品种、规格、质量、等级或者安全、卫生要求;
- 产品的设计、生产、检验、包装、储存、运输方法;
- 产品使用方法;生产、储存、运输过程中的安全、卫生要求;
- 环境保护的各项技术指标要求和检验方法;
- 建设工程的设计、施工、验收方法和安全要求;
- 工业生产、工程建设和环境保护的技术术语、符号、代号和制图方法;
- 重要农产品标准;
- 需要制定标准的项目,如服务标准化,等等。

从产品标准化、方式方法标准化、安全卫生标准化到行为规范(如仪表、语言、态度)标准化,内容相当丰富,涉及范围非常广,与生产运作、市场运作、日常事务,乃至百姓日常生活,无论巨细。标准的内容毫不相关,如《水轮发电机基本技术条件》《铅笔》《茶馆经营服务规范》《标点符号用法》《电气符号库》《集装箱分类、尺寸和额定质量》……

在制造业、设计部门、施工单位;在商业、加工业、应用部门;在服务业、在执法部门……虽说标准本身不是国家法律,可是和法律关系密切。

食品安全国家标准,由国家法律《食品安全法》保证强制执行。食品生产和经营部门的产品,凡违犯了国家食品安全法,触犯红线,就犯法了。《食品安全法》154 条,并没有罗列具体的技术数据,这些数据在权威部门制订的以 GB-开头的 403 个食品安全国家标准中,这些标准占有 3 000 多页 A4 篇幅,巨细无遗地规定了各类食品卫生标准、成分含量、有害物限量、检测标准、添加剂限量等。这是安全必须符合的起码底线——执法的界线,判断是非的依据。而它的权威性和强制性由法律保证。某处食物中毒出了人命,执法官检查有害物含量,依照的是这一系列国家标准。犯了标准出了事,相关人员就得依法吃官司。

四、 标准件、标准产品和检验标准

从机械技术,我们领略了标准件的魅力。名词"标准件"在机械行业首先出现,指结构、绘图法、标记等方面相同,符合某个技术标准的、常用的零件。从螺钉、螺母和垫圈开始,逐渐推广到其他的螺纹件、垫圈件、密封件、传动件、液压元件、气动元件、铆钉、键、销、滚动轴承等零部件。其他结构和构造复杂些的产品，如减速机、电机、变压器、继电器、开关设备、机床、车辆、电线电缆、集成电路芯片、电脑、手机、电池等技术产品，它们不全是机械行业生产，但却是定型的、生产量和使用量都大、符合国家技术标准的。它们称"标准产品"，是开放的、通用的，和机械标准件一样得到了广泛应用。

标准件和标准产品的应用，给经济建设带来的利益是深远的。它们深入到每个细小角落，给设计、施工、操作、维护带来很大的好处。没有这些标准件和标准产品，我们的生活不知要增加多少困难，建设速度不知要慢百分之多少！

机电产品等的零部件大量使用标准件，使得这些产品的维修效率提高、成本降低。我们的自行车出现的小毛病，常常是更换一个螺丝解决问题，在家里在路边小摊都可以快速解决问题。工厂的机器与标准件的关系异常密切。最常见的是机械标准件是螺栓螺母、轴承等。在修理厂，机械备件最多的是螺栓螺母、销钉等。它们不是设备原制造厂生产的，照样可以用于替换同标准的零部件。缺货的零部件，只要是标准件，修理厂按图制作亦非难事。难的是替换受损了的非标准件。若无图纸，只能精心测绘惟妙惟肖仿制。即使这样，有时也是徒劳。因为原品材质可能特殊、处理工艺特殊等。还需要再费力折腾……最后豆腐盘成肉价也未必能够修好。由此观之，产品设计应尽量使用标准件。除非不得已。

检测标准则是"软"的，不是实物。食用盐的质量要求、包装与贮存方法；饮用水、生活用水、工业用水、农业用水、渔业用水的一系列指标；食品安全国家标准；儿童用品的国家标准；学生用品的通用安全要求；环保国家标准；燃气灶具的国家标准；文具用品（如铅笔、圆珠笔芯、纸张、信封）等等，都有标准可循。人们获得保证质量的产品，很多问题就迎刃而解。

有了标准，我们的生活、工作就更加踏实，办事效率就会更高，省掉冗余，省掉重复，省掉不规范的。标准化的产品生产量大，组织专业生产，可以提高劳动生产率，提高产品质量，节约原材料，有利于调试。以标准绘图的设计图纸，行业工人可以看图制造、看图施工。

除了技术部门和经济部门的获利，普通人的受益也将是可观的：食品安全标准、饮用水标准、食品添加剂、装修材料有害成分含量、空调器电耗标准……为了人们的健康，为了环保，标准的制订是有科学依据的，很多是国家强制规定的。

我国产品中大量使用标准件。标准件仅是标准化的一个小环节。

五、 古往今来"标准化"

"标准化"是现代名词,其思想古已有之。古代建造房屋和器械,依照不同地域,暗藏地域标准,至今仍留痕迹:华北的四合院、黄土高原的窑洞、江南园林、西南吊脚楼,仔细分析其结构,都有各自的某种标准,只因古代工匠文化有限,记录很少,多为师徒代代相传下来。口诀:"丈围三尺箍"说的是直径三尺的木桶箍长一丈(取 $\pi \approx 3$)。 木匠将标准的榫头样式编成:方肩榫、通榫、燕尾榫、粽子榫等十余种实物形状,以便记忆。宋代学者沈括在《梦溪笔谈》引述《木经》造房的一些标准:"屋有三分:自梁以上为'上分',地以上为'中分',阶为'下分'。凡梁长几何,则配极几何,以为榱等。如梁长八尺,配极三尺五寸,……此谓之'上分'。楹若干尺,则配堂基若干尺,以为榱等。若楹一丈一尺,则阶基四尺五寸之类,以至承棋、榱桷皆有定法,谓之'中分'……"。按近代语意译是"房屋建筑从上往下分三部分:主梁以上为上分,主梁以下、地面以上为中分,阶基为下分。梁到屋顶的垂直高与梁长成比例:如梁长八尺,则梁到屋顶的高度就是三尺五寸,这是上分。顶梁柱的高与堂基宽也按比例定尺寸:柱高一丈一尺,则堂基宽四尺五寸。等等。斗拱、椽子等都有定制,这些都属中分的范畴"。这可谓当时建筑的一些标准了。

明嘉靖年间的《龙江船厂志》有"夫板之厚薄,每船具有定式……。一尺三钉,原有成规"。这里的"定式""成规"指标准。标准是随生产力的发展自然形成的。秦朝起,历代也用法律规定度量衡及某些器物的标准,并制定了违反标准的罚则。但由于生产力低下,仅有少量行业性的、不严格的地方标准,谈不上权威的国家标准体制。

全世界在没有现代国际标准前,有些事儿已经为世界标准。纪年法则、年、月、星期、日、时、分、秒等计时划分规定,都起源于古代文明,因为符合自然规律,遂为多数人公认,成了事实上的国际标准,沿用至今。

大家公认一年约 365.24 天、1 天等分 24 时、1 时等分 60 分、1 分等分 60 秒……为世界人民的交往带来方便。

现代科技和日常事务的标准化,是近二三百年的事。工业革命将标准化工作提上日程。18 世纪 90 年代,法国承担建立公制计量制度任务,完成标准化领域的一项重大基础措施。同时为实现了零件的"互换性",提高效率,1898 年美国成立了"美国试验和材料学会(ASTM)",从事标准化工作。1901年,英国成立"标准学会(BSI)",制订了第一个英国国家标准——螺纹。1906年,国际电工委员会(IEC)成立。此后有18个国家成立了国家标准团体,通过共同协作,试图达到标准化的国际协调与统一。1926年,国际标准化协会(ISA)成立。20世纪40年代,国际标准化组织(ISO)成立。这是两个专门从事标准化工作的国际组织,它们管辖除工业,还涉及环保、农业、商业等许多领域。

六、 标准化的好处

标准化的好处是说不完的。不用官样文词长篇大论,仅择部分说之。

(一) 有利于组织大规模生产

标准产品用量是很大的,以冶金产品钢板、钢管和型钢为例,全世界每年用量超过亿吨。没有产品的标准规格和性能指标等技术数据,用户是无法使用这些产品的。

这里举个例子:建一座钢结构大桥,首先是设计部门设计。需选用多种钢质型材,板材;多种连接件等。为计算强度和绘设计图,必须知道这些材料的材质、力学数据、几何形状、详细尺寸、单位重量等数据;结构厂按设计图加工成构件,为确定切割、焊接工艺、热处理和检测等,也需要这些数据;施工公司将构件安装在设计指定位置上,有吊装、定位、焊、铆、连接等工作,这些技术数据必不可少。它们都记载在《标准》里。如热轧工字钢的数据,就由国家标准GB706-88提供。其实除技术部门,桥的投资方有采购、预算等工作;运输、仓储等部门,要选择运输工具和准备储存库房,与材料的长度、单位重量、材料性能等很多《标准》数据也是需要的。现实的情况是,大规模工程的各部门都常备《标准》手册,熟知基本数据,《标准》无形地把大家组织、联系起来了。

(二) 标准件和系列产品是标准化中的一个内容

现代生产生活无处不用标准件和系列产品。像机械上的螺栓螺母、轴承;电气上的电线电缆、灯泡、集成芯片……品种成千上万。国家标准、行业标准或企业标准涉及大量系列产品,像电动机、泵、齿轮箱、机床、车辆等;钟表、电脑、锅碗瓢盆、电视机、冰箱、燃气灶等民用品;它们实现标准化、系列化后,可以组织专业化生产、合理利用资源、降低成本、提高质量、开发新品种;有标准产品系列,不仅给生产,也给消费带来利益。买来灯泡,装入同系列的灯头都合适;22 cm的锅盖可互相通用;240×115×53标准砖,不论哪家产,同样砌墙;同型号规格、不同厂家产品可能性价比有别,从而引发竞争,优化产品,促成进步。

(三) 生产和研究的成果,供大家共享

一个专业的标准,本身就是技术的精华数据,是专业人员在长期实践中的总结和记录,包含他们实践的成果,供大家分享。有了标准,可以节约人的劳动。例如电工为家电选择电线,通过家电功率从标准手册查出所需电缆规格。小学生要买绘画铅笔,按老师要求较软的 2B 或 3B 规格;写作业的铅笔,选软硬适中的 HB 规格。为了赠送节日卡片,买国标 ZL 信封。标准引导我们正确、科学地选用电线、铅笔、信封……

(四) 以专业设备生产,可以大大提高效率、提高质量

一件产品的最后工序是质量检验,通常质检员不去查看每件产品的内部细节,而是按规范检查这个产品的质量指标是不是满足标准。一台燃气热水器最后质检是,首先检查它的外形;接电接气接水后、没有进入工作前,检查它是否存在漏电、漏气、漏水;进入工作状态,检查打火速度、燃气流量和水压水流量关系;水温调节范围;废气出口的通畅情况、废气成分;关闭水流时熄火速度;等等。这些项目都有检测标准,达到就合格,否则就是不合格品,不能出厂。标准使得质量检验有据可依。系列产品必须有主要技术指标,有的是国家标准,有的是行业标准,为人们选购提供帮助。当我们购到一项科技含量高的商品,它达不到规定指标出了事故,这些指标就成为退货、索赔甚至打官司的依据。可见《标准》的重要性。

(五) 有利于国际贸易和技术合作

我国已经参加了许多国际标准化组织,1989 年又正式公布标准化法,指出标准化的目的是为了促进技术,改进质量,提高经济效益。为了和国际接轨,我国的国家标准 GB 十分接近 ISO 国际标准,甚至直接采用 ISO 标准,如 ISO 质量体系;此外,集装箱、公共信息图形符号、公制螺纹、开放系统通信协议 OSI、环境保护认证、打印纸尺寸、胶片感光速度、信封标准等与 ISO 接近。主要西方工业国以及俄、日等国,也有不少采纳或接近 ISO 标准的。此外,我国 GB,同他国国家标准如德国 DIN、英国 BS、独联体国家 ГOCT 有不少接近之处,为我国进入国际市场创造了条件。

(六) 有利于信息交流

最明显的是通信。明码电报是在信道中传输"短""长"两种电流脉冲信号(分别用"·""—"代表),显然这是一种二进制信息,制定一定的排列组合规则,

它们可以表达一切字符和数字。美国人莫尔斯发明的莫尔斯电码,定了一个代表字符排列组合表,如"·—"表示 A,"—···"表示 B,……。加上一些发送/接收规则,莫尔斯实现了电报通信。现代计算机的网络通信,一样有标准,才能够无障碍地实现因特网世界范围的通信。这时的通信规则,这就是 TCP/IP(传输控制协议/网际协议)。是为了联接至因特网用户规定的、大家必须遵守的一套规则(比电报的规则可复杂多了)。TCP/IP 成为网络通信事实上的标准。除了因特网,很多企业的内部网也应用 TCP/IP。尽管国际标准化组织 ISO 殚思积虑,开发了"开放系统互联参考模型 OSI/RM",这个七层的参考模型是非常优秀的,但是市场已经被 TCP/IP 占尽,OSI/RM 已没法应用到实际中,只能作为技术理论分析的一个很好的教材,在课堂讲解。

禁止游泳　　　当心触电　　　紧急出口

图 1　我国采用 ISO 标志图形符号三例

(七) 有利于吸收外国和国际组织先进方法,促进我们的工作

ISO 等非政府间国际组织,做了大量牵涉标准性质的事情。ISO9000 质量认证体系已经为许多国家采纳,或者作为本国的国家标准。我国的质量认证标准,很多采用 ISO9000 体系标准,一项产品或服务,若经过中国国家认证认可监督管理委员会指定的专业机构认证质量达标,则对国内外的客户都有质量合格的说服力。ISO14000 是 ISO 推出的另一个系列标准,它的基本思路是引导建立环境管理的自我约束机制,是建议性质的标准。它具备合理性、广泛性、普适性、兼容性和持续进步的原则。如果这个系列标准在世界获得各国认可并得到执行,将使人类居住环境得到极大改观。ISO7001 公共信息标志图形符号,是 ISO 建议在公共场所悬挂的图形标志,目的是促进不同语言、不同国籍的人们跨越语言的障碍,在公共场所畅通无阻。……这些都得到了响应。我国和其他许多国家,采纳了许多 ISO 建议的公共场所信息标志图形,对促进科学现代化管理,促进人们的、交流起到很好的作用。(见中华人民共和国国家标准 GB/T10001.1)

有的标准是需要强制执行的,大家不遵守就会出事,如行车靠右。有的标

准是一种妥协行为,大家意见不一致,但为了方便或为了某种需要,大家迁就一点订个规定,例如上下班时间。有的标准是推荐的,有好处但不很重要,如某些商品的包装规格。总之,标准化的目的是为了合理利用人力资源和物力资源,充分利用科技成果,避免重复劳动,提高管理水平,优化生产结构;也是消除国际贸易障碍、学习先进技术、促进国际合作的战略措施。

七、 结论

标准化是一种人为的规则,为了在一定范围内获得最佳秩序,对现实问题或潜在问题制定共同使用和重复使用的条款的活动。这些条款不是少数人随随便便想当然就制订出了,而是由特定的有专业能力的群体制订、经国家相关部门批准产生的。标准化有利于组织大规模生产,有利于合理地利用自然资源和智力资源。大量的标准化产品,对提高生产和服务质量、避免重复劳动、优化生产结构、提高工作效率,起到了不可低估的作用。标准化工作在事物的发展过程中,遵循事物发展规律,能更好地协调人类活动的步伐。

总而言之,依标准化的规则办事,能办成功或者并办得更好些。

买卖，能够做得更高效些吗

——且说电子商务

媒体报道，2016 年中国"双 11 购物节"开业后一小时，中国最大的某电商平台交易额就突破 353 亿元！接近 2014 年全国零售百强企业日平均总销售额的 4 倍。这个数字折射出诞生不到 30 年的电子商务有多么强劲！

传统商业模式中，商品到顾客手里，经历的中间环节太多，广告、仓储、运输、各级批发商、贩子、掮客、零售商等都耗费了人工、能量、土地等资源，这是浪费。有了网络，电子商务应运而生，干出了史无前例的高效业绩。信息让人们高效做买卖。省下的人力和其他资源去干别的事，创造别的社会财富。

一、您参与了电子商务活动吗

说您吧。您不经商，也不在网上购物，是不是也参与了电子商务活动呢？很可能您参与了。若您曾经在银行以"储蓄卡"或"信用卡"方式存了钱，转过账或在购物和消费时以刷卡方式结过账，不论您用的是信用卡还是储蓄卡（借记卡），您就使用了"电子货币"，涉足了电子商务，参与了电子商务活动最简单但也是最基本的环节——电子转账。

让我们将一捋简单刷卡购物过程，看简单的电子商务（可简称电商）。

（1）您向银行（发卡行）申请电子货币。您可以选择：方法一，现金储蓄，换取等额的电子货币（存款）；方法二，存少量现金甚至不存，银行审查您的经济能力和信用度合格后，您获得该行的电子货币使用权，使用额度可超过您的存款额（这实际是允许您向银行借钱，在一定期限内免息，超期限付息）。

（2）申请获准。您从发卡行得到电子货币卡：从第一种方法，您获得该行发行的借记卡（debit）；从第二种方法，您获得该行发行的信用卡（credit）。

（3）您持卡去银行的特约商家购物或请求服务，之后结账。收银员输入您应付的货款，销售机屏幕显示款额经您核对，于是您将借记卡或信用卡交给收银员刷卡，这就意味着您打算以电子货币方式付款了。

（4）收银员将您的卡在 POS 机"刷"一下，然后您输入密码。这是通过网络向银联告知该卡信息，以及应从该卡转给商家的货款额，申请将钱款从发给您的卡上转给商家账户所在的银行（收单行）的商家账号。

（5）银联清算系统通过内部的处理，验证该卡的真实性及其电子货币的可用额度。若合格，系统便自动进行转账操作并发回转账成功的信息。

（6）POS 机打印银联发来的转账信息，一份给您；另一份由您签字后给商家。交易中，银联从您的账户上将购货款转给商家账户，再从商家这笔收入中扣取一定比例的佣金，按 2∶7∶1 的比例分别给银联、发卡行、收单行。此次电商交易便告一段落。图 1 是上述 6 步过程图解，按阿拉伯数码次序依次解读。

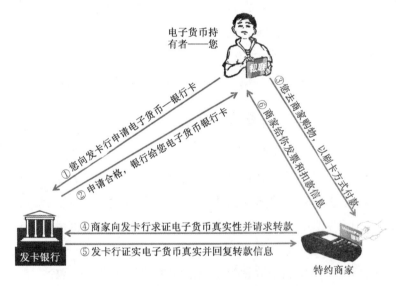

图 1　您以电子货币购物时看不见的操作

二、　一个完整的电子商务过程简述

以上过程的描述，足够说明您已涉足电子商务。虽然这个过程仅是电子商务的冰山一角，却显现了电子商务的很多好处：您突破了"一手交钱一手交货"的传统，变化到"一手刷卡一手提货"的简捷方式；您尝到了甜头：购买大件或价高物品，不必携带一大叠纸币；购买零星物件，不需要翻开钱包将纸币硬币点来点去，免除了点钱麻烦，没有出错之忧；轻轻一张卡交给收银员，签个字就搞定，不存在找零和算错问题，没有收到假币之虞；等等。

迄今为止，您还没有直接从网上购物，不知不觉却参与了电子商务活动。一个完整的电子商务过程，比您在商店刷卡购物要复杂。如网上"B2C""C2C"，百姓接触最多的电商模式，就是在互联网实现的。电商让您不必在商店或超市里奔来走去，挑选商品，最后提着沉重的实物回家。您只要在家里的电脑上用鼠标、或用手机打开购物网页，在网上"漫游"，更容易找到所需商品，按型号、规格和数量"拿"进"购物车"（请注意这里的漫游、挑选、拿取、购物车……都是一种"虚拟"，然而却真实有效，就像您亲临商店一样有效）。您确定购物，完成对商品的了解、订购、付款、通知收货地点。在电脑上少则几分钟，多则十几分钟的操作就大功告成。不久后，物流快递小哥就送货上门。电商购物竟这么惬意，难怪人们趋之若鹜。（注：英文 B2C 是 Business to Customer 的缩写，即"企业对顾客的电子商务模式"。这里"2"代替单词 to，因为数词 2 与 to 的发音一样，故用"2"代替 to 书写。可读"B to C"，或用全汉语读"商家对顾客"；同理 C2C 为消费者对消费者，解释请类推）作为消费者（顾客）的我们，主要是参与这两种电商模式。

电商网站有很多，可称网、交易平台、电商平台、商城等。有软件交流的如米老鼠网；专业信息的如 58 同城信息网；专业销售的如人人车、瓜子二手车网；销售百货的，如淘宝、京东商城；服务业信息的如百纳网；买票的 114 票务网；偏重图书和海外购物的亚马逊；工农业产品销售网就更多了。这些电商的主体是在线（即已连接互联网）的商家、企业或个人，他们是注册了网站，或依附注册了的网站并在该网注册。商家们的电脑（服务器）主页上必须有待销商品或能提供的服务的完整信息，包括商品名、品牌、商品照片、型号规格、功能描述、可销售数量、价格表、保修时限及必要的其他信息（服务型电商则应提供服务项目的详细信息），以供顾客随时浏览。电商和网购者必须遵守国家法律法规，遵从网络规则。有了这样的架构，人们便可以在网络驰骋，高效做买卖了。

以下我们长话短说，略去细节，举例说您在淘宝网 B2C 购物过程概略。

首先，为保证交易资金的安全，要有公正人作网上交易裁判，这个裁判是支付宝网络技术有限公司（简称支付宝，我们将其拟人化当成人）。

假设您是头一次到电商平台"淘宝网"购物，您的活动过程大致是：

（1）进入淘宝，注册成为该网会员（上别的网，则注册别的网会员）；

（2）为购物安全，支付宝为付款中间人。按提示您以 E-mail 或手机号在支付宝网站注册为支付宝会员，进而通过身份验证获得支付宝账户（账户名就是手机号或 E-mail 地址,您还要设密码)。您把网上银行卡"绑定"支付宝,当然你的网上银行卡上必须有够用的钱,以备为购物付款;

(3)购物开始。您浏览购物网页,挑选商品。选好后您可在线询问商家,了解质量、价格、邮费等各种信息(有的商品还可以讨价还价,当然您的电脑要安装有一个沟通软件,如"阿里旺旺"和出售方对话)。

(4)购买。挑选货物放进虚拟的"购物车",点击"立即购买",然后提交你的姓名地址等信息(注册时已有),就点击提交。回答付款方式。

(5)付款(有些商品可选货到付款,若网上付款,钱从您的账号先打给第三方——支付宝。在您收货认准或过一定时间,支付宝才将钱转给卖方)。

(6)等待商家发货。你可以在网上"我的淘宝"里看到所购东西的物流状态。状态是:已发货—在路上—到达你处物流中心等信息,那你就等着收货吧。

(7)收货。在家等物流快递;收货验证若商品符合网上介绍,满意;最好在网上确认收到,支付宝收悉这个信息,便将货款转给卖方。

(8)您可给商家评论,您也能获好评,作为衡量双方信誉度的记录。

(9)若商品有问题或您不满意,可要求退货。支付宝会合理处理退款。

上例是在淘宝购物,在其他平台购物中间人就不一定是支付宝,例如在京东商城,中间人是"网银在线科技有限公司(简称'网银在线')"。

除了物流和验货,不谋面的人们通过互联网终端,能高效快速做买卖。随着移动互联网的完善,买卖可以在移动互联网的手机上实现,更加方便。

还有 B2B(商家对商家)、C2C(消费者对消费者)、B2G(商家对政府)、G2B(政府对商家)、O2O(线上对线下)……其中 B2B 占电商总业务量的 70%～80%。

电子商务的范围是广泛的,除实物商品的送达和质检等物理工作,几乎所有商贸业务都可以通过网络完成。其中数字化产品通过网络便可直接销售,如电子书报、论文、数字音像、软件产品等。此外,金融服务业的电子交易、证券电子商务、网上保险代理和旅游电子商务等。网络广告、商情资讯、招标投标、工商情报、文件、信息交流、讨价还价、商业保险、电子数字签名和身份认证、签订合同、约定交货、付款、售前售后服务等,则是电子商务企业的日常事。

电子商务中最费体力的一项就是物流,即将实体商品运输到目的地。有时,一次电子商务流程完成物流便是终结。有时,还有保修、售后服务和试用等服务的,一个电子商务的全过程还须延续一段时间。

三、 电子商务——买卖能够更高效

在发达国家和地区,电子货币和电子商务交易很普及。多数商家、服务业乃至政府机关等,无论规模都可使用电子货币卡购物和付款,人们不必随身携带大量现金。银联机制已经国际化,带上款额足够的卡,便可周游世界。在欧洲的市场,电商交易约占四分之一的份额,美国约占三分之一,并且还在与时俱增。电商的迅猛发展,缘于它的方便和快捷。我国电商增长迅速,特别在城市,那些串街走巷奔忙送货的快递小哥,就是在完成电商的最后环节。由于电脑和手机的普及,以及它们轻快而廉价地连至互联网,快捷便利省时省事的电商买卖模式,便不可遏制地蔓延开来。特别应该提示的是:

(1)电子商务将传统的商务模式流程电子化、数字化。将传统的仅为了沟通信息的而跨越千山万水的人员往来、函和电往来,转化为二进制数据流。商业计算、研究和分析被融入软件。节省了大量人力物力,大大降低了成本;

(2)电子商务突破了时空壁垒,使得贸易不限于特定地点和特定时间,而在虚拟的"网"上随时进行,取消了客套和寒暄,提高了效率;

(3)电子商务将流通环节简化,减少了许多中间环节,例如层层批发商、掮客、中间人和门市部,做到生产者、经营者和消费者没有谋面就做买卖,省掉大量的运输、仓储,节约费用,降低成本,交易双方都受益。生产者和消费者的直接交易,改变贸易运行方式,节约社会资源。

(4)各企业以相近的成本进入电商市场,具有开放性和全球性,中小企业有可能拥有和大企业一样的信息资源,相当有效地避开了强权企业的霸道行为,为能力强、质量好、有信誉的新兴中小企业发展机会,在很大程度上遏制了不公平竞争。平等竞争有利于促进生产力的发展。

(5)通过互联网,企业或商家之间、商家和消费者之间直接交流,可以相互反馈意见,生产者、商家、消费者彼此良性互动,是极有用的信息资源,大大有利于及时提高产品及服务品质、了解消费需求,对社会经济要素的重新组合提供依据,将对社会的经济布局和结构产生重大影响。

四、 电子商务的不足

首先,电商最严重的不足是虚拟环境中的交易。无法从网络传送实物:餐厅不能从互联网给消费者传过来一份快餐,百货店没法从网络高速公路将一台

冰箱送到顾客家里。实物的运送必须求助物流。

其次,不能在网上对商品进行检验,网络对商品和服务的质量控制也很难。有人(包括不良商家)用虚假信息和虚假产品对正规的电商平台进行干扰,给电商的正常运作造成阴影。使得电商在这些方面的控制不如实体商贸交易。

有些不足目前也在采取些补救办法,如前述不能从网上传送快餐,在移动互联网的 O2O(Online to Offline,线上对线下交易)电商模式,人们上街时用手机订餐,配合移动网络的手机定位功能,O2O 显示约 100 米以内的餐饮点及餐饮内容,消费者在线上(移动手机)向线下(餐饮点)订餐,步行去就餐。

实物的检验和质量控制是网上交易的难题,许多大型商品如汽车和贵重奢侈品的交易,顾客宁可花费精力和时间去实体店购买。不过有商家在配送大型和贵重商品同时,承诺派员安装调试,考察质量,部分地解决质量控制问题。

五、 电子商务的意义和前景

(一) 信息技术的里程碑

电子商务没有改变贸易是"自愿的商品或服务交易"这一本质。它最大的功绩是贸易活动中信息的交流等"软"工作,全部在网络上完成,达到快速、经济、高效,为商贸活动开创了一条前途无量的康庄大道。这是信息技术在 20 世纪末 21 世纪初为商业建树的一个里程碑。

(二) 电子货币的应用

贸易发展经历了漫长的历史。从原始的以物易物到今天的电商,货币是商品交换的价值尺度,有不可替代的作用。最开始以价值高不易变质商品充当"商品货币",继而过渡为金银铜等贵金属货币。生产的发展和商品交换的扩大,金银供应量满足不了货币日益增长的需求,便出现了代用货币如银票、信用货币如纸币。进入 20 世纪,金银淡出货币舞台,纸币成为主要的流通支付手段。同时出现了书面辅助办法,例如汇票、本票、支票、托收、借记方式等。电商使用电子货币,货币仅作为结算单位,网上并不直接使用物理货币。电子货币虽然在电商问世前就已有雏形,但电商以电子货币取代了物理货币作大规模商业流通结算,是贸易发展史上一个划时代的革命。

(三) 电子商务的前景

近年,基于蜂窝技术的无线移动通信网有长足突破,宽带无线接入技术和移动终端技术飞速进步,在通信流量、速度和质量上堪与因特网媲美。人们希望移动终端(手机)不只是移动的社交工具,也应和联至互联网的电脑一样,从互联网获取信息和服务。目前技术上已经实现移动通信接入互联网的移动互联网。尽管在安全与隐私保护等方面还面临改进。但用得还可以,有足够硬件软件配置的手机,可以和固定电脑一样从事电商活动,比固定电脑更方便。手机小巧随身携带,更有定位功能,前述的适合 O2O 电商模式,唯手机才能实现。通过手机的电商规模和交易金额,在悄然中已经赛过 PC。

2016 年 10 月,中国电商的领军人物马云说,纯电商时代将结束,代之以新零售,以及它带动的新制造、新金融、新技术和新能(资)源。观点颇为前瞻。不叫电子商务,但通过网络的商业行为本质未变。时代的飞速发展产生大数据,数据的触角伸向一切,电商也必有质的飞跃。网络商贸必然融入数据技术(DI):例如顾客通过网络将程序送到厂家,指挥 3D 打印机打印一件自己设计的家具。融入了大数据的网络商贸,该叫什么呢? ⋯⋯网络商贸前途无量。

把灭鼠的事儿办得更好

"老鼠过街人人喊打",站在人的立场,老鼠是坏蛋。它们损毁庄稼、偷吃食物、破坏环境、传播疾病、咬断电缆……世上到底有多少老鼠? 没有权威数据。有人估计至少是人类的 1 000 倍。这么说,全球有老鼠 6 万亿只以上!

一、 洞庭湖畔,鼠患惊人

且说 2007 年夏,洞庭湖发大水,被洪水赶出鼠洞的田鼠约 20 亿只,铺天盖地在人们眼皮下乱蹿:堤边打洞,严重威胁着防洪堤安全;蹿入农田,啃食庄稼,沿湖万顷将熟的水稻面临灭顶之灾,政府迅速组织数万人灭鼠,光在平地打死的老鼠就达数百吨! 由此推算,全球鼠量之巨可见一斑!

二、 灭鼠问题的讨论

鼠患猖獗,灭鼠几乎成为捍卫人类生存环境的组成部分。有各种各样的灭鼠方法:养猫、毁鼠窝、灌鼠洞、绝育灭鼠、电击、器械诱捕、鼠药、粘鼠板乃至人工捉打。除了器械捕鼠,很多方法在捕鼠奏效同时,或多或少存在一些毛病。大面积和大空间(田野、仓库、货场、船舶等)毒鼠和电击灭鼠问题最大:鼠药污染环境,让捕鼠动物和其他动植物中毒,死鼠随处腐烂;电死或击昏老鼠的电压从几十伏到几千伏不等,有的要架设捕鼠小电网,昼设夜撤,耗费人力。电击法还有人畜安全、死鼠处理等问题;有的要专人值班追打被电击昏的老鼠。

有人提出"绝育灭鼠":让老鼠吃拌有绝育药的诱饵,叫它们断子绝孙,永绝鼠患。这是不是馊主意:第一,谁给人类这个权力消灭一个哺乳类物种? 第二,让数量达数万亿的一个哺乳物种绝育,就算真的能够实现,全球大规模地使用生物绝育技术,会不会危及别的生物甚至人类自身,造成比鼠患更大的生态灾难? 人类应当控制老鼠的数量,灭鼠不要绝鼠。

三、 长效连续捕鼠笼

如上所述,鼠药、粘鼠板不环保;电击和鼠药都有安全问题,可能误伤人畜;挖鼠洞、水罐鼠洞和捉打要耗费大量人力;绝育灭鼠可能导致难预料的生态后果。器械(如鼠夹、鼠笼、鼠弓等)灭鼠,没有上述问题,但效率不高。鼠夹等击毙老鼠的器械,死鼠的气味可能引起鼠群警觉,它们常避开这种器械。传统的鼠笼,效率低,每夜只能关到一只老鼠,在鼠患严重的地方是杯水车薪。看来,我们社会需要一种不污染环境、安全、节省人力的高效捕鼠器械。在需求的刺激下,秦皇岛市徐会林发明了长效连续捕鼠笼(图1),在众多捕鼠器械中表现出色。

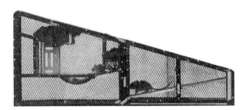

图1　长效连续捕鼠笼

图2示意这种捕鼠笼(下简称"鼠笼")。我们看看它的结构。

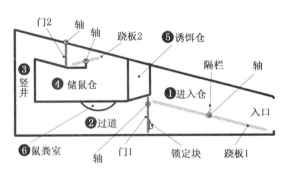

图2　连续捕鼠笼构造示意

鼠笼用钢丝网和塑料等制成,是一个等宽的六面体。从正面看,鼠笼宽16厘米;侧面为直角梯形,其边长约是:直角腰70厘米,下底30厘米,上底16厘米;图2的侧剖图标明了它的"房间"名称和结构。鼠笼内有两道机关:第一道机关由跷板1和门1构成。第二道机关由跷板2和门2构成。鼠笼巧妙的机械结构决定了老鼠只能单方向行进,依图2上的编号,顺序地从❶—❷—❸—❹进入储鼠仓,不可能反向从❹返回❸及从❷返回❶;这是两道机关的"逆止门"发挥了作用。在第一道机关,门1只能逆时针方向开启,老鼠可以从仓❶进入过道❷,不可以从❷返回❶;在第二道机关,门2只能顺时针方向开启,老鼠可以从❸进入储鼠仓❹,不可以从❹返回❸。

让我们图示简述捕鼠过程。

首先在诱饵仓❺放置老鼠喜欢的诱饵,诱饵气味透过仓❺四周的孔散发,诱惑老鼠从入口进到进入仓❶。按发明人的设计,进仓的第一只老鼠在诱饵的鼓舞下,迅速在跷板1上行进。但它永远也吃不到被钢丝网隔开的诱饵。进仓的老鼠走到跷板1轴的左端后,它的重力使跷板1沿轴逆时针旋转,跷板左端被锁定在锁定块下面;折腾一会儿,老鼠只得顶开门1进入过道❷,由于门1的逆止作用,它无法从❷返回❶,无奈爬上竖井❸并顶开逆止门2,然后踩动第二道机关跷板2,坠入储鼠仓❹……经过短暂惊慌的老鼠,进入体积稍大的储鼠仓后,才惊魂稍定。又闻到隔壁诱饵仓的诱饵香,惊恐消退且有了稍安毋躁的打算,所以没有向老鼠社会发送"此处危险"信号,而在仓❹筹划如何取食……

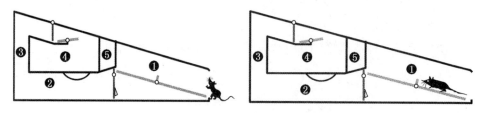

图3 老鼠进笼,在跷板1上行走

这时如有第二只老鼠进鼠笼入口,它将重蹈第一只的覆辙坠入储鼠仓。

接着,第三只、第四只……连续不断地,一只只地被关进储鼠仓。和第一只坠仓的老鼠一样,它们不知道自己注定要完蛋,甚至在仓内嬉戏打闹,这对笼外老鼠有吸引力,更多的老鼠争相进笼,它们要分享这盛宴……据报道,徐会林的鼠笼,有一夜连续关鼠25只的纪录,他型器械和猫咪望尘莫及。

下面我们以一批连环画——鼠笼捕鼠分解图,仔细分析鼠笼连续捕鼠过程。阅读这些分析文字前,我们确定图2是鼠笼的原始状态:跷板1轴右略重于左,故跷板1的呈左高右低;跷板2左略重于右,故跷板2呈右高左低。以下按图序分析:

图3:老鼠在诱饵气味的诱惑下,从入口爬到进入仓❶的跷板1。开始时跷板左高右低(图3左)。老鼠在轴右沿跷板继续向左走刚刚跃过中点,重心尚未移到轴左,仍保持左高右低(图3右)。

图4:老鼠左行跃过中点,跷板重心移到轴左,跷板逆时针运动,跷板1左端

头擦着门 1 朝下运动,到门 1 下部接触锁紧块斜面,产生推力使门 1 向左作微动,跷板 1 左端到达锁定块下,锁紧块将跷板 1 锁住,跷板 1 保持左低右高,不能回复原位。

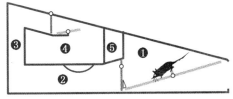

图 4　鼠过跷板中点,跷板转动被锁定

图 5:在跷板动作中老鼠受惊,试图沿跷板返回出笼。但是跷板已经被锁定为左低右高,老鼠即使返回跑到跷板右边,由于锁定,即使跷板重心移到右侧,也不能改变跷板左低右高的状态,隔断了老鼠从入口逃离的路。

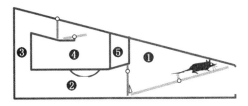

图 5　老鼠惊返,但退路已堵

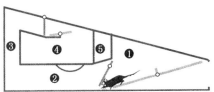

图 6　再返,顶开门 1 进入 2

图 6:慌不择路的老鼠只得再返跷板左端,到处乱拱试探索出路。门 1 是单向向左开的,可以拱动,老鼠便从门 1 进入过道❷。老鼠拱起门 1 后,锁紧块便离开了跷板 1,不再约束的跷板,由于跷板原始状态左轻右重,当老鼠离开跷板 1 进入过道❷时,跷板在自重作用下恢复图 2 所示的原始状态。

图 7:跷板在自重作用下恢复图 2 的原始状态,跷板顶面正对入口(图 7a)。这时具备了另一只老鼠进入鼠笼的条件(如果有新的老鼠再进入,将重复图 3 至图 6 所描述的动作)。至于已经进入了过道❷的那只老鼠,它有些紧张,正在过道❷寻找出口,大概想逃出去吧。往前、往两边都是钢丝网(图 7b);沿原路回去,碰到门 1,门 1 是逆止的,仓❺的下部顶着它,无法逆时针转,老鼠拱不开(图 7c)。无奈,只得在过道来回折腾。一会儿后,发现唯有向上的竖井还有些空间(图 7d)……

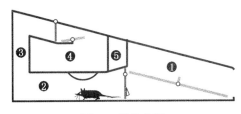

图 7a　鼠笼复原

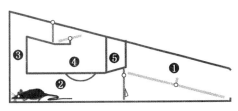

图 7b　寻找逃出口

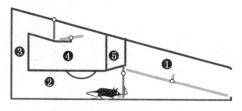

图 7c　拱不开门 1

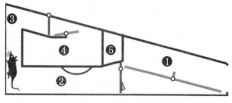

图 7d　发现竖井空间

图 8：老鼠在走投无路的情况下，无可奈何攀爬竖井（图 8 左），这也正好适应了老鼠喜欢攀爬的习性，它爬到井顶，唯有右面有一点点空间可以立足，于是它本能地爬向右边（图 8 右），来到第二道机关的入口。左顾右盼到处拱拱……

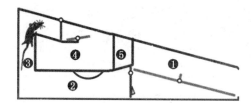

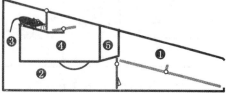

图 8　进入第二重机关

图 9：在这个狭小空间，老鼠本能地到处乱拱，终于拱向门 2。这是一个只能逆时针方向转动的逆止门，老鼠进门发现一个新的空间。它继续前进，踩上并越过跷板 2……

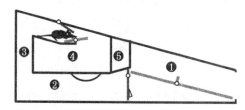

图 9　顶打开门 2 进入存鼠仓

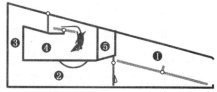

图 10　重力使它进入存鼠仓

图 10：老鼠踩上跷板 2。因跷板 2 长度短，老鼠很快跨越到达板轴的右端，重力使跷板 2 顺时针方向迅速翻转，老鼠坠入储鼠仓❹，

图 11：老鼠进入储鼠仓❹后，照样找不到出路。没有尝到甜头的老鼠返身试图从原路返回，它抓住跷板 2，跷板 2 便逆时针摆动，反而挡住老鼠的去路。显然，老鼠已经没有任何办法再从储鼠仓❹退出。无奈只得待在储鼠仓。

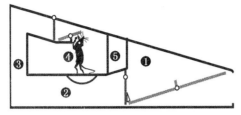
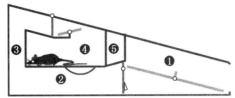

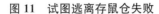

图 11　试图逃离存鼠仓失败　　　　　　　图 12　老鼠只得待在存鼠仓

图 12：经过短暂惊慌的老鼠，没有受到皮肉伤害，进入体积较大的储鼠仓，且又闻隔壁诱饵仓的香，慢慢安静下来。没有向老鼠社会发送"此处危险"信号。安静后它在仓❹筹划如何取食……。有了这个阶段，对捕鼠更为有利：鼠辈们在闻到诱饵气味同时，也误以为同类在那里享受美食，纷纷前往。于是我们就有了图 13 的描绘。

图 13 是一个连续示意图。示意在上述捕鼠过程中，从图 7 开始直至图 12，鼠笼的任何一个工作阶段，笼外老鼠都可能进笼（本图画有 9 只）。据报道，此型鼠笼最高纪录是一次连续捕鼠 25 只。这也是被誉为长

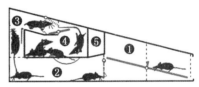

图 13　连续捕鼠示意图

效连续捕鼠器的原因。我们的建议是将储鼠仓的体积做得更大些。央视《我爱发明》栏目曾经为这种鼠笼做过专题报道。

四、 把灭鼠的事儿办得最好

生态遭受严重破坏的今日，鼠类的天敌野猫、黄鼠狼、蛇类、猫头鹰、老鹰、鹞子等，已经灭绝或濒临灭绝（这是我们人类惹的祸），老鼠便疯狂繁殖。在分析众多灭鼠方法后，我们的结论是：在生态没有恢复到令人满意的地步，并且没有发明更好的灭鼠法前，环保、安全、廉价、高效的连续捕鼠器械，能够把灭鼠的事儿搞得好，其中徐会林发明的连续捕鼠笼，是其中的佼佼者。